# 再現！世界の軍隊グルメ

## ――戦士の食卓

Gourmet of the military around the world

文・調理・撮影／**水梨由佳**
歴史監修／白石 光

大日本絵画

Gourmet of the military around the world

# 再現！世界の軍隊グルメ――戦士の食卓

## Menu

# 歴史群像　掲載リスト

●歴史群像106号
●発行2011年3月5日
●戦士の食卓　Table1
●タイトル
ある日の米軍首脳陣の午餐
［チキン・フリカッセ］
●発行元　学研パブリッシング

●歴史群像107号
●発行2011年5月6日
●戦士の食卓　Table2
●イギリス空軍 出撃前の特別食
［ベーコン・エッグ］
●発行元　学研パブリッシング

●歴史群像108号
●発行2011年7月6日
●戦士の食卓　Table3
●ハワイ会談でのフレッシュ・メニュー
［フルーツサラダ］
●発行元　学研パブリッシング

●歴史群像109号
●発行2011年9月6日
●戦士の食卓　Table4
●装甲艦『アドミラル・シェーア』勝利の昼食
［ビスマルク風ステーキ］
●発行元　学研パブリッシング

●歴史群像110号
●発行2011年11月5日
●戦士の食卓　Table5
●戦艦『ペンシルヴェニア』のクリスマス・ディナー
［ロースト・ターキー］
●発行元　学研パブリッシング

●歴史群像111号
●発行2012年1月6日
●戦士の食卓　Table6
●戦艦『ビスマルク』で供された伝統料理
［アイントプフ］
●発行元　学研パブリッシング

●歴史群像112号
●発行2012年3月6日
●戦士の食卓　Table7
●山本長官を襲った「刺客」たちの朝食
［スパム’ン’エッグ］
●発行元　学研パブリッシング

●歴史群像113号
●発行2012年5月7日
●戦士の食卓　Table8
●イタリア陸軍士官学校の定番料理
［ザンポーネとレンズ豆の煮込み］
●発行元　学研パブリッシング

●歴史群像114号
●発行2012年7月6日
●戦士の食卓　Table9
●大日本帝国海軍の鯨料理
［鯨肉のステーキと味噌煮］
●発行元　学研パブリッシング

●歴史群像115号
●発行2012年9月6日
●戦士の食卓　Table10
●Uボート乗組員を喜ばせた深海の食事
［牛肉ロールの煮込み］
●発行元　学研パブリッシング

●歴史群像116号
●発行2012年11月6日
●戦士の食卓　Table11
●空母『エンタープライズ』の特製朝食
［ワン・アイド・サンドウィッチ］
●発行元　学研パブリッシング

●歴史群像117号
●発行2013年1月5日
●戦士の食卓　Table12
●スターリンが好んだザクースカ
［ニシンの塩漬け］
●発行元　学研パブリッシング

●歴史群像118号
●発行2013年3月6日
●戦士の食卓　Table13
●東部戦線のイタリア兵を救った羊料理
［羊のレバーと玉ねぎのソテー］
●発行元　学研パブリッシング

●歴史群像119号
●発行2013年5月6日
●戦士の食卓　Table14
●ニミッツ夫人の定番手料理
［チキン・ヌードル・キャセロール］
●発行元　学研パブリッシング

●歴史群像120号
●発行2013年7月5日
●戦士の食卓　Table15
●帝国海軍士官たちに供された逸品
［伊勢海老カレー］
●発行元　学研パブリッシング

●歴史群像121号
●発行2013年9月6日
●戦士の食卓　Table16
●ナポレオンの勝利を祝った野戦料理
［若鶏のマレンゴ風］
●発行元　学研パブリッシング

●歴史群像122号
●発行2013年11月6日
●戦士の食卓　Table17
●アメリカ海軍将兵に愛されたスイーツ
［レモンパイ］
●発行元　学研パブリッシング

●歴史群像123号
●発行2014年1月6日
●戦士の食卓　Table18
●日系米兵が好んだハワイのローカル料理
［チキン・ヘカ］
●発行元　学研パブリッシング

●歴史群像124号
●発行2014年3月6日
●戦士の食卓　Table19
●イギリス軍将兵の“よき戦友”
［フィッシュ・アンド・チップス］
●発行元　学研パブリッシング

●歴史群像125号
●発行2014年5月6日
●戦士の食卓　Table20
●ベルリン総統地下壕で供された“晩餐”
［カスラーとザウワークラフト］
●発行元　学研パブリッシング

●歴史群像127号
●発行2014年9月5日
●戦士の食卓　Table22
●ガリポリの塹壕で作られた“ご馳走”
［即席パンケーキ］
●発行元　学研パブリッシング

●歴史群像128号
●発行2014年11月6日
●戦士の食卓　Table23
●母なるロシアの味
［シチー］
●発行元　学研パブリッシング

●歴史群像129号
●発行2015年1月6日
●戦士の食卓　Table24
●イギリスの船乗りに捧げられた料理
［コーニッシュ・パスティ］
●発行元　学研パブリッシング

●歴史群像130号
●発行2015年3月6日
●戦士の食卓　Table25
●U-47で出されたスカパ・フロー襲撃直前の夕食
［豚のあばら肉の燻製とキャベツ］
●発行元　学研パブリッシング

●歴史群像131号
●発行2015年5月6日
●戦士の食卓　Table26
●アメリカ軍将兵に親しまれた望郷のスイーツ
［ドーナツ］
●発行元　学研パブリッシング

●歴史群像132号
●発行2015年7月6日
●戦士の食卓　Table27
●「戦う操縦士」サン＝テグジュペリが好んだ地中海の逸品
［ソプラサーダ］
●発行元　学研パブリッシング

●歴史群像133号
●発行2015年9月5日
●戦士の食卓　Table28
●第77戦闘航空団“ヘルツ・アス”シチリア島撤退前夜の晩餐
［マグロ、イワシのオイル漬け］
●発行元　学研パブリッシング

●歴史群像134号
●発行2015年11月6日
●戦士の食卓　Table29
●ファレーズの戦場で英軍特殊戦車に乗る
ウィルソン大尉が食した野戦即興食
［ウサギのホワイトソース］
●発行元　学研プラス

●歴史群像135号
●発行2016年1月6日
●戦士の食卓　Table30
●1944年12月、スカパ・フローで供された
［イギリス海軍戦艦『ロドニー』のクリスマスディナー］
●発行元　学研プラス

●歴史群像136号
●発行2016年3月7日
●戦士の食卓　Table31
●新兵に供された海軍訓練場最初の食事
［ベイクド・ビーンズ＆コーンブレッド］
●発行元　学研プラス

●歴史群像137号
●発行2016年5月6日
●戦士の食卓　Table32
●自由フランス軍の2人が食したクリスマスディナー
［ホムス］
●発行元　学研プラス

●歴史群像138号
●発行2016年7月6日
●戦士の食卓　Table33
●“パイのため戦う”ガダルカナル島の米兵たち
［アメリカン・パイ］
●発行元　学研プラス

●歴史群像139号
●発行2016年9月6日
●戦士の食卓　Table34
●戦艦『ポチョムキン』の乗組員が楽しみにしたスープ
［ボルシチ］
●発行元　学研プラス

●歴史群像140号
●発行2016年11月6日
●戦士の食卓　Table35
●イギリス海軍将兵に親しまれた
［コンビーフ・サンドウィッチ］
●発行元　学研プラス

●歴史群像141号
●発行2017年1月6日
●戦士の食卓　Table36
●レッド・バロン、若き日の酒宴を飾った
［牡蠣］
●発行元　学研プラス

●歴史群像142号
●発行2017年3月6日
●戦士の食卓　Table37
●愛娘のレシピでニミッツ提督が振る舞った
［ビーフ・ストロガノフ］
●発行元　学研プラス

●歴史群像143号
●発行2017年5月6日
●戦士の食卓　Table38
●J.Bハリスが中国で食した焼きそば
［炒麺］
●発行元　学研プラス

●歴史群像144号
●発行2017年7月6日
●戦士の食卓　Table39
●アメリカ軍将兵の士気をも左右したデザート
［アイスクリーム］
●発行元　学研プラス

●歴史群像145号
●発行2017年9月6日
●戦士の食卓　Table40
●ガリポリで兵士が手にした“トルコの喜び”
［ロクム］
●発行元　学研プラス

●歴史群像146号
●発行2017年11月6日
●戦士の食卓　Table41
●米海軍航空輸送隊の機内で出された一皿
［ビーフシチュー］
●発行元　学研プラス

●歴史群像147号
●発行2018年1月6日
●戦士の食卓　Table42
●撤退するドイツ兵が味わったウィーン風クレープ
［パラチンケン］
●発行元　学研プラス

●歴史群像148号
●発行2018年3月6日
●戦士の食卓　Table43
●イギリス海軍の食を支えた缶詰ソーセージ
［スノーカーズ］
●発行元　学研プラス

●歴史群像149号
●発行2018年5月7日
●戦士の食卓　Table44
●イギリス山岳部隊兵がウクライナでユダヤ人に提供した
［ミネストローネ］
●発行元　学研プラス

●歴史群像150号
●発行2018年7月6日
●戦士の食卓　Table45
●スタリングラードで独ソ兵士が分け合った
［馬肉のタルタルステーキ］
●発行元　学研プラス

●歴史群像151号
●発行2018年9月6日
●戦士の食卓　Table46
●ムッソリーニ、最後の朝食
［ポレンタ］
●発行元　学研プラス

●歴史群像152号
●発行2018年11月6日
●戦士の食卓　Table47
●Uボート艦内で食された祖国の味
［ニシンの燻製］
●発行元　学研プラス

●歴史群像153号
●発行2019年1月5日
●戦士の食卓　Table48
●アメリカ海兵隊出撃前の食事
［ビーフステーキ］
●発行元　学研プラス

●歴史群像154号
●発行2019年3月6日
●戦士の食卓　Table49
●ノルマンディー上陸前夜“くすねて”きた夜食
［フルーツ・カクテル］
●発行元　学研プラス

●歴史群像171号
●発行2022年1月6日
●戦士の食卓　Table66
●八甲田山雪中行軍・弘前歩兵第三十一連隊が食した
［兎の味噌汁］
●発行元　ワン・パブリッシング

※本書掲載記事は初出時の内容に加筆したものとなっています。

# ご挨拶

水梨由佳
（料理・撮影・文）

【略歴】青森県・弘前市出身。県立高校英語科講師を経て、動物植物関連の専門学校の英語科講師と並行して自然科学系出版社の観賞魚専門雑誌編集部に勤務。系列の愛犬雑誌やペット業界誌でも翻訳や取材・撮影に携わる。その後、独立して編集プロダクションOffice Ready Loboを主宰。以来、観賞魚専門雑誌、ペット関連雑誌、歴史関連ムック、日本刀関連書、旅行雑誌、グルメ雑誌、語学雑誌、東京湾横断道路広報誌、チェーンホテルの広報誌などの編集、取材、執筆に従事。また、ヨーロッパの愛犬家・愛猫家の取材、タイ、マレーシア、シンガポールの観賞魚養殖業者や観賞魚イベント取材などもおこなった。絶滅危惧生物として一時脚光を浴びたアジアアロワナ繁殖成功のスクープ写真もマレーシアで撮影している。現在のライフワークは歴史的食文化と世界の食文化の研究。著書に『旅の観定団』（共著。ぶんぶん書房）がある。
食生活ジャーナリストの会（JFJ）、日本温泉地域学会所属。
江戸ソバリエ。

父の実家でも、母の実家でも、仏間には一度も会ったことのない伯父たちの遺影が並んでいます。多くは第二次世界大戦に出征し、命を失いました。彼らは、銃火に倒れたのか、病に倒れたのか、あるいは、飢えに倒れたのか。最期の苦しみが少しでも小さいものであったならば……と願うのは、遺族の、そしてそれを引き継ぐ者たちの共通の思いでしょう。

しかし、戦地へ赴きながらも帰国がかなった伯父がひとりだけいます。戦地といっても、満州鉄道の職員として大陸へ渡り、敗戦時、シベリアに抑留されたのです。そして、抑留者の多くの方が帰国する状況なのにひとりなかなか戻れず、帰ってきたのは3～4年後のことと聞きました。それでも、生きて帰ってこられただけましです。

そんな伯父が隠して持ち帰ったアルミ製の一本のスプーンがあります。伯父は手に技術があったので、ソ連の監視者たちが使うスプーンや皿をはじめ、珍しいところでは、ソ連兵士の結婚指輪なども作らせられたとのことです。そして、こう話してくれました。「俺が作ったスプーンで、彼らはよく赤い色のスープを飲んでたよ。ときどきその残りをもらえて、うれしかった……」と。

抑留者の多くが飢えに苦しむなか、何かしらを口にできたのは、安堵の瞬間だったことでしょう。そして、その「赤い色のスープ」とはボルシチに違いありません。これが、本書の企画の原点となりました。

のちに私は、第二次大戦中に戦闘機パイロットとして日本と戦ったというイギリス人士官の方、ルフトヴァッフェでテストパイロットを務められていたドイツ人士官の方、同大戦には従軍していないものの、戦後WEST POINTを卒業してアメリカ軍士官となった日系2世の方、やはり戦後、グロスター・ミーティアの操縦桿を握っていたオランダ人士官の方たちと、ミリタリーとは異なる分野で知り合い、興味深いお話を聞けたことも、彼らの「その時の食」への興味を深めました。望むと望まざるとにかかわらず、戦士となった彼らが、その時食べた料理とは？ そして、その時の思いとは？

戦争体験のある方の手記や戦記を読まれるのは、少なからず歴史に興味があるみなさんです。そこで、関連する料理の歴史をもわずかながら知ってもらえればと、『歴史群像』誌で「戦士の食卓」として連載を始めさせていただきました。

原稿をまとめるにあたって留意したことのひとつは、翻訳された戦記などの場合、できるかぎり海外の原書にあたったことです。たとえば、古い翻訳資料で「卵料理」と訳されていても、原書では「スクランブル・エッグ」や「フライド・エッグ」と調理法の種類が記されていることがあるからです。

また、単行本化に際して、連載時にはなかったレシピを加えましたが、軍関係の料理では可能な限り軍の料理書を参考にし、それが難しい場合は、できるだけ当時の古い料理本を参考にしました。そのため、現在流布しているレシピに比べると、物足りなかったり、逆に面倒だったりする点が少なからずあります。

タイトルでは、「再現！ 世界の軍隊グルメ」と謳っているものの、歴史好きの方ならご理解いただけると思いますが、「歴史という刻」の向こうに行ってしまった料理の１００％の再現というのはありえません。その点については、なにとぞご容赦くださいますようお願い申し上げます。

なお、本書が形になるまでには、多くの皆さまのお力添えを賜りました。厚く御礼申し上げます。

# ご挨拶

白石光
（歴史監修）

**【略歴】** 東京・お茶の水生まれ。戦史研究家として季刊『NAVY YARD』、季刊『ミリタリークラシックス』、隔月刊『歴史群像』、月刊『歴史人』、月刊『世界の艦船』、月刊『PANZER』などに特集記事や連載記事を多数執筆中。映画にも造詣が深く『メンフィスベル』、『イントルーダー怒りの翼』、『アパッチ』、『ブラックホークダウン』、『パールハーバー』、『父親たちの星条旗』、『硫黄島からの手紙』、『ゼロ・ダーク・サーティ』、『アメリカン・スナイパー』、『ダンケルク』、『1917』、『ミッドウェイ』など数多くの公式プログラムに執筆。また『第二次世界大戦映画DVDコレクション』シリーズの監修も手掛けた。ミリタリー関連の主な著書には『真珠湾奇襲1941.12.8』、『世界の銘艦ヒストリア』、『同・2』（以上、大日本絵画）、『第二次大戦の特殊作戦』、『同・2』、『第二次大戦の軍用銃［拳銃&短機関銃編］』、『第一次大戦小火器図鑑1914-1918』（以上、イカロス出版）、『図解でわかる！戦闘機のすべて』、『同戦車』、『同潜水艦』（以上、学研）、『第2次大戦・海戦と軍人』『銘艦クライマックス』（以上、海人社）、『独ソ戦大全』（晋遊舎）などがある。観賞魚専門家としては、観賞魚専門月刊誌『フィッシュマガジン』編集長を15年務める。並行して『国際観賞魚専門学院』学院長を兼務。TV出演多数。観賞魚関連書籍も多数執筆。現在、アクアホビー・プランナーとしても活動中。

２０１０年末頃、長年「食」と「温泉」の取材と研究をしてきた水梨から「とある相談」を受けました。それは、世界各国の戦士の食事についてまとめることができないかというものでした。

曰く「歴史書や軍事関連書、戦争映画などから、架空ではなく史実にそぐった料理や食物を選び出し、それを再現してみたい」と。

折しもいわゆる「ミリ飯」が世の中ではブームになり、その認知度が上がっていた時期です。また、旧海軍鎮守府所在地の観光振興を兼ねて「海軍カレー」などが当時のレシピに基づいて再現され、一般にも広く知られるようになっていました。このように「軍隊の食」が「巷の知識」として広がりつつあったという背景もあり、単に軍用携行食糧や旧日本陸海軍のメニューの紹介では「二番煎じ、三番煎じ」になってしまいかねません。

しかし、水梨の着目点は「全世界の戦士の食」であり、その背景に、できれば書籍や映画など出典のあるものでした。

この点、幸いにも長年をかけて集めてきた私の軍事関連書籍と戦争関連映画のコレクションは陸、海、空含めてかなりの範囲をカバーしており、出典を探すのはさほど難しくないと思えました。そこで当時の『歴史群像』誌編集長池内宏昭氏にお話したところ、即座に「それは面白い。ぜひスタートさせましょう」というお返事をいただき、２０１１年４月号から連載を始めました。

以来、10年以上の連載を重ねて、単行本にできるだけの数量の記事が揃いました。そこで、かつてやはり『歴史群像』誌の連載だった「銘艦ＨＩＳＴＯＲＩＡ」を『世界の銘艦ヒストリア』２部作として単行本化してくださったアートボックス社『ＮＡＶＹ ＹＡＲＤ』誌編集長後藤恒弘氏にご相談申し上げたところ、ありがたいことにご快諾いただきました。

今回の単行本化に際して、池内宏昭氏はじめ現在の同誌編集長星川武氏と、連載開始以来、今も担当してくださっている編集者沼田和人氏に御礼を申し上げます。

また、ともすればたるみがちな水梨と白石を叱咤激励して単行本化を力強く押し進めてくださった後藤恒弘氏には格別に深い御礼を。氏のミリタリーに関する広範な見識に基づくご判断に、何度も助けていただきました。そして、単行本のリリースをお認めくださった大日本絵画社長小川光二氏にも深く感謝します。

しかし、私たちが何よりも感謝の念を捧げるべきは、今、この本を手に取ってくださっている「あなた」に他なりません。本書で「おいしい時間」を過ごしていただければ、それは筆者冥利、監修者冥利に尽きます。本当にありがとうございます。

２０２２年神無月吉日、メトロポリスのスカイラインを臨みつつ。

▲監修者の大好物、ニシンの塩漬け（P20～）

# はじめに

古《いにしえ》の戦《いくさ》では、「軍勢」が自ら携行する食糧は意外に少なく、侵略した地域で、その地に産する食物を徴発・略奪して利用してきました。そして「土地を支配して敵国の食糧生産力を自国に組み入れる」ことも、戦争の大きな目的のひとつでした。しかし時代が進むにつれて、携行に適した食糧が開発され、「軍勢」から発展した近代的な「軍隊」は「自前の食糧」を食すようになり、「侵略した地域への依存度」が減少。戦争の目的からも「食糧生産力の収奪」は外れていきます。

　とはいえ、「軍への自前の食糧」の供給の程度は国によって異なり、第二次世界大戦時を例にとれば、アメリカ軍のように食糧のほぼ100パーセントを供給している国もある一方で、日本軍のように「現地調達」の度合いが高い国もありました。これは、その国の軍隊の兵站能力の程度、食糧生産力の規模などにも大きく影響されることですが、大原則として「前線に展開した自国の全軍将兵の食を完全に賄えること」が、「近代的軍隊」の最低条件のひとつであり、これができない軍隊（と国家）は「前近代的」の誹りを免れません。

　さて、本書では軍隊におけるこのような「食」について、「史実」やそれに基づく「事実的創作」を出典とし、あえてグルメ的視点に立って紹介しています。ゆえに、いわゆる「ミリ飯」と称される缶詰や保存食糧に「ひと手間以上」が加えられていない、「そのまま」のものは掲載していません。

　そして、著者水梨が定めた4つのベクトルに基づき、「当該の料理」を紹介することにしました。

　それが「完成した料理の画像」、「各料理にまつわる軍事上・歴史的・地域性などのエピソード」、「実際に調理してみたい方のためのレシピ」、「掲載した料理の出典とその背景をたどれる書籍や映画の解説」という「見る・読む・作る・学ぶ」の4つです。

　つまり本書は、「料理写真集」であり「料理歴史書」であり「クッキングブック」であり「関連知識参考書」でもあるという、4つの要素を兼ね備えているということになります。

　かような次第で、読者のみなさまが掲載の料理を「目で味わい」、「歴史を味わい」、「作って味わい」、「知で味わう」ことのお役に立つことができれば、それは著者にとって無上の喜びに他なりません。

Gourmet of the military around the world

# 第1章　欧州編

Table 1

ある日のアメリカ軍首脳陣の午餐

# チキン・フリカッセ

**Fricassee of Chicken**

色よく焼けたブール（パン）。では料理は？　詳細は残されていないが、わずかに深めの皿にはたっぷりのソースのよう。だったら「チキン・フリカッセ」か。第二次世界大戦当時のアメリカ海軍の料理マニュアルに、ディナー（昼食）のメイン・メニューの例として記されている。もっと以前、一九〇二年のマニュアルにも載っている。

「チキン・フリカッセ」は、古典的なフランス料理のひとつ。普通、食べやすいサイズに切った鶏肉を炒めて生クリームで煮こんでクリーミーに仕上げるので、香りに欠ける鶏肉の味わいが深まり、多くの人に好まれている。その日、「キラ星」が囲むテーブルには、高級ではないが手をかけた料理ゆえに並んだのではなかろうか。

ところで、第二次大戦前の鶏飼養は採卵が主な目的だった。そのため、軍だけでなくアメリカ国内でも、鶏肉の供給量は牛肉や豚肉などに比べて少なかった。鶏肉生産が目的のブロイラー産業が一九二〇年代に始まってはいたが、生産効率はまだまだ。しかし大戦中にアメリカ国内で牛肉・豚肉の統制が実施されて鶏肉の需要が一挙に高まり、より効率的な鶏飼養法が開発され生産効率が向上。戦後、その技術は世界の家禽肉産業に大きな影響を与えた。ちなみ

豆知識

フリカッセは、フランスで古くから食べられてきた家庭料理。語源は「切って炒める」だが、フランスでは白い煮込み料理を指す。似た料理にクリームシチューがあるが、シチューは具材を軽く炒めて煮込むの対し、フリカッセは肉に小麦粉をつけて炒めて旨みを閉じ込めてからホワイトソースで煮込み、肉をメインに味わう。

「我が国の戦争指導者たちは、昼食の時間も惜しんで勝利に邁進する」といったプロパガンダ写真の類だろうか。アメリカの戦争の趨勢を決める統合参謀長会議（JCS：Joint Chiefs of Staff）メンバーのランチョン・ミーティング（午餐会）の様子。右からマーシャル陸軍参謀総長、キング海軍作戦部長、レイヒ議長、アーノルド陸軍航空軍司令官。同会議は同盟国イギリスの統合参謀長委員会に対応する組織として、統合会議を発展させて創設された。マーシャルの左手の卓上に据えられているのは、給仕呼び出し用の有線スイッチ・セットのようだ。

r　e　c　i　p　e

## チキン・フリカッセ

●材料（10人分）
鶏肉（もも肉）　2.5kg
小麦粉　140g
塩　適量
胡椒　適量
鶏脂またはバターまたはオリーブ油　適量
水

<グレイビー用>
小麦粉　90g
水と牛乳　約2リットル
　※比率は好みで。半々くらいから牛乳が多めがよい。
塩　適量

●作り方
①鶏肉は4〜5cm大に切り分ける。
②小麦粉、塩、胡椒を混ぜ合わせ、①の鶏肉にまぶす。
③②の鶏肉をフライパンに入れ、全体に焼き色がつく程度に焼く。
④深めの鍋に③と肉を覆うくらいの水を入れ、蓋をして2〜3時間、肉が柔らかくなるまで煮る。
⑤グレイビーを作る。小麦粉と水を合わせ、ダマができないように混ぜてペーストを作る。チキンストック（鶏の出汁）と牛乳を計約2リットル用意する（比率は好みで。半々くらいから牛乳が多めがよい）。ペーストをストックに入れ、10〜15分、適度な濃さになるまでゆっくり煮つめ、塩で味を調える。
⑥⑤に④の肉を入れて温める。
⑦白飯やマッシュド・ポテトを添えて提供する。
※鶏肉のほかに、タマネギやマッシュルームを炒めて入れてもよい。
※ハーブとしてローリエを入れると香りがよい。
※仕上げに生クリームを入れて煮ると濃厚になる。

に、ブロイラーとは「broil（焼く）」に適したサイズの孵化後八〜一二週齢の若鶏のこと。

　軍のマニュアルにかつては数種だった鶏料理レシピも、最近はざっと五〇を超える。メキシコの「チキン・エンチラーダ」にジャマイカの「ジャークチキン」、日本の「テリヤキチキン」まで、さすが移民の国の軍隊らしいメニュー揃えだ。

　キリスト教徒が同軍の中心だった第二次大戦中にはあまり関係なかったらしいが、一応、宗教上の禁忌がない鶏肉は、多宗教を容認する今のアメリカ軍には使いやすい食材かもしれない。

1942年1月、戦況地図を参照しつつ協議中のマーシャル陸軍参謀総長（左）とスティムソン陸軍長官（右）。アメリカの作戦計画には、必ず「食」も含めた綿密な兵站計画が存在した。ゆえに日本の「ジンギスカン」作戦のような空想の兵站計画が承認されるなどあり得なかった。

Table 2

# イギリス空軍出撃前の特別食
# ベーコン・エッグ
## Bacon and Eggs

映画『暁の出撃』でのワンシーン。士官食堂で働く英空軍婦人補助部隊（WAAF）隊員が尋ねる。「今夜、出撃ですか?」。そして、「チャスタイズ」作戦への出撃を控えた第617中隊長《スキッパー》ギブソン中佐の食卓に「ベーコン・エッグ」が載せられた。出撃しない士官が注文しても提供されない「命がけの一皿」である……。

第一次世界大戦で食糧難を経験したイギリスは、第二次世界大戦勃発後まもない一九四〇年に食料統制を開始。軍においても、卵やベーコンはふんだんに使える食材ではなくなった。元来、イギリス人の食事は質素だが、軍も遅い夕食は紅茶とパンぐらい。だが、かの夜の第617中隊員のみならず、出撃前の航空機搭乗員には貴重な卵とベーコンが供された。十九世紀以降、イングリッシュ・ブレックファストの典型的メニューともいえるベーコン・エッグは、戦火の下で〝実戦参加者の特別食〟に姿を変えたのである。そして、無事帰還すると、再びベーコン・エッグを食べることも珍しくなかった。

ところでベーコンは、主に北欧における保存食肉として重用された。その原点はデンマークにあるらしい。ヴァイキングは航海時の保存食料として塩漬け豚肉を火であぶって貯蔵したが、その過程で偶然に〝燻

1943年5月16～17日に敢行された「チャスタイズ」作戦を指揮した中隊長ガイ・ギブソン中佐（左端）と愛機“ギブソンのG”号機のクルーのうちの4名。同作戦はドイツ・ルール工業地帯の電力源である水力発電施設が設置されたダム群の破壊を目的とするもので、ギブソン率いる新開発の跳躍爆弾「アップキープ」を搭載した特別改造型ランカスター 19機が出撃。2つのダムを破壊するなど大損害を与えた。映画『The Dam Busters』（邦題：「暁の出撃」1955年公開）では、リチャード・トッド演じるギブソンの前にベーコン・エッグの一皿が運ばれた。

**豆知識**

ベーコンは豚肉を塩漬（えんせき）――古くからの手法である塩等を直接擦りこむ乾塩漬や、塩水（燻製液）に浸す湿塩漬など――して燻煙・加熱したもの。短時間で安価に量産製造する場合、各種配合調味液を肉に注入して風味や燻味を付けることもある。

r e c i p e

## ベーコン・エッグ

●材料
ベーコン　2～3枚
鶏卵　1～2個

●作り方
①フライパンにベーコンを入れ、最初は弱火で、のちに中火に熱し、ベーコンの脂が染み出てくるように焼く。
②適当なところでひっくりかえし、ベーコンのふちが茶色くクリスピーになったら、皿に取り分ける。
③ベーコンを焼いたプライパンに卵を入れ、弱火でベーコンの脂をかけながら揚げるように焼く。
④好みの加減に焼きあがったら、ベーコンとともに盛り付け、塩、胡椒を振る。
※フライパンでベーコンが焼けてきたところで、卵を割り入れ、同時に焼くこともある。

煙”の利点を発見。その技術が十一世紀にイギリスに伝播したという。もとよりイギリスでは塩漬けの豚脇腹肉が食されていたが、保存期間が長くなり旨みも増すベーコンは、船乗りのみならず農民にとっても重要な食品となった。

　英語には「ベーコン」を用いた慣用表現がある。「bring home the bacon」は「家族を養う」「やり遂げる」「勝つ」、「save one's bacon」は「命を助ける」といった意味だ。

　任務を成し遂げて無事に帰投してほしい……。一皿のベーコン・エッグにはそんな思いが込められていたのかもしれない。

投弾実験において跳躍爆弾「アップキープ」を投下するアヴロ・ランカスターから改造されたダムバスター・バージョン。4発重爆撃機の低空飛行と低空投弾には優れた飛行技術が求められた。

# Table 3

## 装甲艦『アドミラル・シェーア』勝利の昼食

# ビスマルク風ステーキ

**Bismarck- Steak**

「厚く汁のたっぷりしたビフテキにはあまりにたくさんの卵がのせられていたために、肉が見えぬほどだった。」（クランケ他著『ポケット戦艦』より）

一九四一年四月一日、約五か月にも及ぶ長期の通商破壊戦を成功させてキールに戻った『アドミラル・シェーア』艦上で用意された昼食は、この快挙を祝うべく来訪したドイツ艦隊司令長官エーリヒ・レーダー提督（元帥）を驚かせた。

艦長クランケ大佐は答えた。すべてはイギリスの冷蔵船『デュケサ』の恩恵であり、この昼食は艦上の将兵に差別なく出される、と。『デュケサ』はイギリス向けのクリスマス用食材を運んでおり、そのうちから卵四万三〇〇〇個以上、肉とバター数トン、大量の家禽肉が『シェーア』に移送された。

ヒトラーが首相に就任して以来、ドイツでは、前大戦での食料欠乏を踏まえて食料の自給や節約が奨励されていた。そして開戦の数か月前から食料配給制度が準備され、開戦直前には実施された。だが、クランケが用意したのは、その影響を受けないボリューム満点の昼食であった。

赤道直下、アフリカ大陸と南アメリカ大陸のほぼ中間の大西洋上で鹵獲された『デュケサ』は、かつてスペインやポルト

◀ジブラルタルに入港する装甲艦『アドミラル・シェーア』。写真は1936年頃。クランケ大佐は、1939年10月31日 ～ 1940年2月4日、及び1940年6月17日 ～ 1941年6月3日の期間、同艦の艦長を務めた。

◀レーダー提督。第2次世界大戦で海軍総司令官としてドイツ海軍を指揮したが、大戦半ばにヒトラーの暴言に耐えられず辞任した。最終階級は海軍元帥。写真は1940年撮影のもの。

**豆知識**

ビスマルク・ヘリング（ニシンの酢漬け）など、美食家ビスマルクの名が冠せられた料理は多いが、そのひとつがメインの食材に卵を載せる料理だ。普通、半熟の目玉焼きを載せることが多い。日本でもイタリアレストラン等で、「ビスマルク風アスパラ」「ビスマルク風ピザ」といった料理名で提供されている。

r e c i p e

## ビスマルク風ステーキ

●材料
牛肉（ステーキ用） 200～300ｇ
塩　適量
胡椒　適量
卵　1～3個
ジャガイモ（付け合せ用） 適量
牛脂　適量
バター　適量

●作り方
①付け合せ用のジャガイモは茹でておく。
②牛肉に塩、胡椒をする。フライパンに牛脂を入れ、牛肉を好みの焼き加減で焼く。
③②のフライパンにバターを溶かし、フライド・エッグ（目玉焼き）を作る。
④ステーキの上に②のフライド・エッグを載せ、ジャガイモを添える。

ガルが入植した南アメリカの食材を積んでいた。ならば、ステーキの牛肉は、南米に移入された南アジア産のコブのあるセブ牛や、ヨーロッパ原産の牛の交雑品種で、脂身と赤身がきっちりと分かれた噛み応えのある肉だったろう。

付け合わせは、定番の皮付きジャガイモに違いない。帰還直後の『シェーア』に食料が補給されるわけもなく、野菜のなかでも日持ちのよいジャガイモは、航海の最後まで残されていたはずだ。

『デュケサ』の鹵獲後、『シェーア』では、時に食べ放題のスクランブル・エッグやエッグ・プディング、あるいは落とし卵入りスープと、卵料理がふんだんに提供された。この日の昼食も、やはり大量に分捕ったバターをたっぷり使って焼き上げたフライド・エッグ（目玉焼き）がステーキに載せられたのだろう。これは、欧米ではしばしば行われる調理法だ。

ちなみに、戦艦『ビスマルク』の艦名の由来となったドイツの「鉄血宰相」オットー・フォン・ビスマルクは美食家で知られるが、彼はフライド・エッグを載せたステーキを好んだといわれる。同じドイツ人の『シェーア』の司厨長が、かようなエピソードを知っていたとしてもおかしくはない。

Table 4

## 戦艦『ビスマルク』で出された伝統料理

# アイントプフ

**Eintopf**

軍艦において士官と下士官兵の待遇に差があるのは世界共通であり、食堂の造りなどにもそれは表れているが、こと食事の内容に関しては、ドイツ海軍の場合、質・量ともに大きな違いはなかったといわれている。ドイツの一般家庭では、煮込み料理を鍋ごと食卓に置き、家族で団欒のひとときを楽しむことが多い。沈没のおよそ二か月前、一九四一年三月十五日の『ビスマルク』艦内においても、そんなドイツの典型的な食事の時間が流れていた。

メニューは「ボックヴルスト」というソーセージ入りの「アイントプフ」だ。「アイン」は「ひとつ」、「トプフ」は「鍋」の意から「一鍋料理」と和訳されることが多いが、もともとは農作物や畜産物に恵まれた北ドイツ一帯で日常的に食べられてきた素朴な郷土料理。鍋に牛肉や豚肉あるいはソーセージなどの肉類、ジャガイモ、ニンジン、タマネギ、豆類などいくつもの材料を入れた煮込み料理で、日本式にいえばシチューの総称である。作り手によって味付けは異なり、煮込む具材もさまざまなので、出来上がりの見た目も、スープ状から煮物風までバラエティに富む。

ところで、一九三三年にナチス政権が成立したのち、政府は軍備拡大を進める一方で国民に節約を求め、食の分野でもさまざ

『ビスマルク』艦内での食事風景。ボックヴルストを丸のまま煮込んだアイントプフを食べている。スープには、色合いと粘度から見て豆類が使われている可能性が高い。調理が簡単なうえ体が温まるアイントプフは、北の海で行動する機会が多いドイツ海軍の定番料理のひとつだった。『ビスマルク』が撃沈される約2か月前、1941年3月15日の撮影。

**豆知識**

ボックヴルストは1889年、ベルリンのパブのオーナー、R．ショルツが仔牛肉と牛肉で作ったのが最初といわれる。名称は、濃色で力強い「ボックビール」を飲みながら食べることに由来する。ドイツでもポピュラーなスモークソーセージだ。現在は豚肉を使うこともある。ちなみに、「ヴルスト」は「ソーセージ」の意。ドイツには約1500種類もの多種多様なソーセージがあるといわれる。

r e c i p e

## アイントプフ

●材料（2人分）
ボックヴルスト（粗挽きソーセージ） 4本
ジャガイモ 2個
ニンジン 1/2個
タマネギ 1/2個
レンズ豆（乾燥） 100g
ブーケガルニ 1袋
水 600ml
コンソメ 小さじ1
白ワインビネガー 大さじ1
バター 10g

●作り方
①皮を剥いたジャガイモ、ニンジン、タマネギを1cm角に切る。
②レンズ豆は水洗いしておく。
③鍋にバターを入れて加熱し、レンズ豆を加えて中火で軽く炒める。
④鍋に水、ブーケガルニ、コンソメを加えてレンズ豆が柔らかくなるまで弱火で煮込む（20分程度）。
⑤レンズ豆が柔らかくなったら、ブーケガルニを取り除き、①の刻んだ野菜とボックヴルスト（粗挽きソーセージ）を加えて、中火で約10分煮る。
⑥塩、胡椒、白ワインビネガーを加えて味を調整したら完成。

在りし日の『ビスマルク』の勇姿。イギリスが誇る巡洋戦艦『フッド』を一撃で轟沈させ、自らの最期に際しても高い抗堪性を示した。近年、本級の防御力を過小評価する意見もあるが、兵器というものは実戦で示した結果が現実であり全てといえるので「カタログデータ遊び」で論じるべきではない。

まなキャンペーンを展開した。そのひとつが「日曜日の一鍋料理」。ひと月に一度、日曜日に、すべてのドイツ国民がアイントプフを食べられると謳い、各地でこの料理を貧しい人々に供する一方、家庭では「質素な」アイントプフを食べて浮いた食費を国に寄付しようというものだ。

伝統的なドイツ料理を軸にして、国民の連帯感とナショナリズムの高揚、さらには国庫の増収までも図るという、いかにもプロパガンダの天才と称された宣伝相ヨーゼフ・ゲッベルスらしいアイデアであった。

Table 5

イタリア・モデナ陸軍士官学校の定番料理

# ザンポーネのレンズ豆添え

**Zampone con Lenticchie**

第二次世界大戦中、イタリア陸軍士官としてロシア戦線等で戦い、のちにパルチザン指導者に転身した作家のヌート・レヴェッリは、「毎週木曜日には生徒食堂でザンポーネとレンズ豆が出た」と述べている。一九三九年から四一年、イタリア半島付け根の現エミリア＝ロマーニャ州モデナにある陸軍士官学校生徒だったときの回想だ。

「ザンポーネ」とは、肉、脂身、皮などを混ぜた豚挽肉を塩・胡椒・香辛料で味付けし、骨を抜いた豚の前足の皮に詰めたソーセージ。その誕生は一五五一年の冬、モデナ近郊の町ミランドラが、軍事的才能に恵まれていたとして知られる第二一六代ローマ教皇ユリウス二世の教皇軍に包囲されたときだという。ミランドラの人々は豚が敵軍に奪われるのを防ぐために、また、食糧不足を解消するために、手持ちの豚を処理し、あらゆる部位を食材として利用。くり抜いた豚の脚に練り肉を詰めて保存食料とした。ちなみに、「zampa（動物の足）」に拡大辞「-one」が付いた「Zampone」は〝大きな足〟の意。イタリアで作られた写真のザンポーネも一キロ近い。

ザンポーネはいまやモデナの伝統食品として広く知られ、同地では日常的に食されている。また、色や形が金貨に似ているこ

イタリアのエミリア=ロマーニャ州モデナにあるモデナ陸軍士官学校。モデナはかつてエステ家の公国の首都で、1600年代に建設されたエステ家のドゥカーレ宮殿が現在、陸軍士官学校として使用されている。同校は1756年に創設され、1798年にはナポレオン・ボナパルトの指示で工兵課程と砲兵課程が開設された。敷地内には軍事歴史博物館も併設されている。

伝統的な軍装を着用して式典に臨むモデナ陸軍士官学校候補生。世界的にも古くからある由緒正しい士官学校のひとつに数えられる。

r e c i p e

## ザンポーネのレンズ豆添え

●材料
ザンポーネ　1本
レンズ豆（乾燥）　適量

●作り方
①市販のザンポーネをその仕様にしたがって調理する。
②乾燥レンズ豆をたっぷりの水で茹でる（20～30分）
もしくは、ブイヨンを加えて弱火で煮てもよい。
③大皿にザンポーネをまるごと、もしくは適当にスライスして、レンズ豆を添えて提供する。
※ザンポーネは通常塩分と脂分が多いので、レンズ豆は塩気を控えて調理するのがおすすめ。
※その他、マッシュド・ポテトなどを添えるのもいい。

とから縁起がよいとされるレンズ豆と組み合わせて、イタリアでは大晦日から新年の食卓に登場することが多い。レンズ豆はヨーロッパで古くから食されてきた豆の一種で、古代ローマ時代には乾燥品が兵糧とされたといわれる。

ところで、「木曜のニョッキ、金曜の魚……」という言い回しがある。じつはイタリアでは、キリスト教の教えに基づき金曜に肉食を避けることがあり、木曜日には「腹持ちのよいニョッキ」や滋養のある重い料理をたっぷり食べるという習慣が一部に残っているという。伝統を重んじる陸軍士官学校では、それが「木曜のザンポーネ」だったのだろうか。

なお、ヌート・レヴェッリ氏は卒業後、新任士官として第2アルピニ（山岳）連隊ボルゴ・サン・ダルマッツォ大隊に着任したのであった。

### 豆知識

モデナ産ザンポーネは保護地理的表示（IGP）の指定を受けており、検査に通ったものだけが「Zampone Modena　IGP」と表示される。また、ザンポーネと同時期に誕生し、同様の扱いを受けている「コテキーノ（Cotechino）」は、ザンポーネとほぼ同じ内容物を腸管に詰めたもの。どちらも茹でて適当な厚さにスライスし食卓に供せられる。

Table 6

## Uボート乗組員を喜ばせた深海の美味

# 牛肉ロールの煮込み

**Rinderrouladen**

帰還したUボートの乗組員たちの最初の任務は、祝賀晩餐会に出席することだった。シャンパンやビールを浴びるように飲んで豪華な食事をたらふく食べる。カビが生え、嫌な臭いがするパンからの解放である。『鉄の棺』を著したヘルベルト・A・ヴェルナーはじめ、Uボート乗務経験者らは異口同音、各々の回顧録のなかでそう語っている。

出港時、Uボートには大量の食糧が積まれる。三か月の哨戒航行で約一五トン。だが食糧庫は狭すぎた。そのためⅦ型では、二か所の便所のうち厨房に近い一か所が臨時の食糧庫にされるのが常だった。厨房も、わずか一五〇センチ×七〇センチほどの狭小空間で、ホットプレート付き電子レンジ一基、オーブン一基、スープ鍋一つ、流し一つ。ここで約五〇人分の食事が賄われた。メニューは、ラムのリブやニシンの酢漬けだったり、カビをこそぎ落としたパンのサンドイッチだったり、ビタミンC補給用の大量のレモンであったり……。

自らのUボート体験に基づく『Uボート』（ロタール＝ギュンター・ブーフハイム）では、虎口を脱したのちの食事が、どうせ缶詰のソーセージか何かだろうと思っていたところ、「牛肉ロールとロートコール」が出され「わが艦の炊事兵はすごいやつだ」

鉄十字章を授与されたU-50の乗組員たち。1940年3月2日、ヴィルフェルムスハーフェンで撮影。同艦はUボートⅦB型で、約1か月後の1940年4月6日に北海で戦没し乗組員44名全員が戦死した。彼らにも牛肉ロールの煮込みのような手のこんだ料理を味わう機会はあったのだろうか。

狭小空間のUボート艦内では、いたるところ（中枢たる発令室にさえ）でハム・ソーセージの類が天井から吊り下げられ、ハンモックにはパン類の塊が詰め込まれたが、それでも足りず野菜、果物、缶詰があらゆる場所に分散貯蔵された。特に建造に際して、史実ほどの長期間におよぶ遠洋作戦を想定していなかったUボートVII型では、このような傾向が大きかった。

と称賛している。死への恐怖を味わった直後の乗組員たちのため、唯一の楽しみの食事に良質の料理をつくった炊事兵の心意気に感心したのだろう。

　牛肉ロールは、大きさ二〇センチ、厚さ三～五ミリ程もある大判の薄切り牛肉に塩、胡椒、マスタードで下味をつけ、ベーコンとキュウリのピクルス、タマネギなどを巻き、焼きつけたあとさらに煮込む、案外手のかかる料理だ。挽肉やニンジンなどの野菜を巻くなど、地域や家庭によりレシピに多少の違いこそあるが、日曜・祝祭日のディナーに用意されることも多いドイツの定番料理である。付け合わせは、甘酸っぱく煮込んだロートコールやクヌーデルなど。多くのドイツ軍将兵にとって、それは家庭を思い出させる懐かしい味だったのかもしれない。

r e c i p e

## 牛肉ロールの煮込み

**●材料（6人分）**

牛もも肉、もしくは、もも薄切り　約1.2kg強（1ロール当たり200g強）
練りマスタード　小さじ6強
ベーコン　6枚
タマネギ（みじん切り）　1/2個
キュウリのピクルス　小3本
ラード　大さじ3～4
水　2と1/2カップ
セロリ（粗みじん切り）　2カップ
リーキ（西洋ネギ／ポロネギ）　1/3カップ
パセリ　3枝
塩　小さじ1強
バター　大さじ1
小麦粉　大さじ2
胡椒　適量

**●作り方**

①タマネギはみじん切りにして、キュウリのピクルスが細長い棒状に切る。
②牛ももは塊の場合は6等分にし、厚さ5～6ミリ、10センチ×20センチぐらいになるよう叩いてのばす。薄切り肉の場合は、必要に応じて重ねて広げる、全体に塩、胡椒、マスタードを塗る。
③②の牛肉の上に、タマネギのみじん切り、ベーコン、キュウリのピクルスをのせ、肉をきつめに巻く。
④厚手の蓋付き鍋にラード（もしくは食用油）を入れて中火にかけて③の牛肉ロールを入れて表面を焼き、別皿に取り分けておく。
⑤④の鍋に水を入れ、焦げかすを溶かし、セロリ、リーキ、パセリ、塩を加え、取り分けておいた牛肉ロールを再び入れ、蓋をして弱火で1時間ほど煮込む。
⑥再び牛肉ロールを取り分け、ホイルで包むなどして冷めないようにしておく。
⑦⑥の鍋の煮汁を濾し、濾した汁を鍋に戻して煮詰める。
⑧別のソース鍋にバターを溶かし、小麦粉を振り入れ、弱火で小麦粉がきつね色になるまで炒める。
⑨⑧に⑦の煮詰めておいた煮汁を少しずつ加えてソースを作る。
⑩大皿に牛肉ロールを盛り、⑨のソースをかける。
※赤キャベツやジャガイモなどを添えて提供する。

**豆知識**

「ロートコール」は、赤（紫）キャベツのこと。調理加工された赤キャベツも指す。タマネギを炒め、そこに千切りの赤キャベツとリンゴを加え、ハーブとリンゴ酢、赤ワインで蒸し煮にして、肉料理に添えることが多い。また、「クヌーデル」は団子の意。付け合わせのジャガイモは、まず茹でてからつぶして卵、穀物粉、スパイス等を加えてボール状に丸め、再び茹でたもの。

Table 7

スターリンが好んだザクースカ

# ニシンの塩漬け

**Селёдка**

「まず、約八勺のウォッカを飲みほす……それから、生の刻みタマネギをつけた塩漬けニシンを食べ、またウォッカを飲む……」（バーナード・ハットン著『スターリン―その秘められた生涯』より）。かのスターリンは、食事の際にはウォッカを手放すことはなく、必ずといってよいほど「ニシンの塩漬け」を食べたという。

ニシンは、ロシア料理に欠かせない存在だ。ザクースカ（前菜）の一品として、塩漬けやマリネとなって食卓に上る。

ロシア料理は野菜や肉類が多いイメージがあるが、古くはロシア正教の肉食を禁じる習慣が守られたこともあり、魚は重要な食材であった。ただし、ヴォルガ川やドニエプル川、バイカル湖等といった巨大河川や湖沼で獲れるチョウザメ類をはじめとする淡水魚が主で、海水魚が食卓に上りだすのは、ピョートル大帝が西欧を手本に近代化を推し進め、海洋漁業が発達した十八世紀になってからという。

しかし、ニシンだけは十六〜十七世紀のロシアの書物にも登場する。ヨーロッパで獲れる種は「タイセイヨウニシン」だが、その生息域はフランス北西部からバレンツ海、北海、バルト海全域に及ぶ。もちろん、ロシア沿岸でも獲れた。だがこの時代はドイツのハンザ、のちにはオランダに

スターリンと二度目の妻との間に生まれた愛娘スヴェトラーナ。三番目の妻であるローザは、スヴェトラーナら先妻の子供たちを養育し、美食家であったスターリンの食事が栄養満点であるように気を配ったという。だがスターリンの猜疑心の影響などから、スヴェトラーナは1967年にアメリカへと亡命。回顧録を出版したが、その中で父親であるスターリンの性格を論じている。

1945年8月に撮影されたスターリン。グルジア（現・ジョージア）の生まれで、スターリンとは「鋼鉄の」という意味のペンネーム。本名はヨシフ・ヴィッサリオノヴィチ・ジュガシヴィリだった。本人はウォッカを好む美食家だったが極端な肥満ではなかった。

r e c i p e

## ニシンの塩漬け

●材料

ニシン　適量

※できるだけ新鮮な生のニシンを入手する

塩　ニシン1匹に対し、大さじ1/2

砂糖　ニシン1匹に対し、大さじ1/2

●作り方

①新鮮な生のニシンの鱗と頭を切り落として、三枚におろす。

②塩と砂糖を混ぜたものを身にすり込む。

③ラップ等をかけて乾かないようにし、室温に置いて味がなじんでから冷蔵庫で一晩冷やす。

④皮をむいて、好みでタマネギのみじん切りやピクルス、レモン等とともに盛り付ける。

※ニシンの皮は頭から尾に向かってむけばむきやすい。

よってニシン漁がほぼ独占的に行われ、塩漬けのニシン漁によって急激な経済発展を遂げたオランダには外国人労働者が集まり、ロシア艦隊が寄港した際には多数の脱艦者が出て、オランダ船員になってしまったという逸話も残る。

かくして、ニシンの塩漬けはロシアのみならず北欧各国に広まり、お国柄を表すようなさまざまなレシピも生まれている。例えば、ニシンの塩漬けと各種野菜を彩りよく重ねた「毛皮のコートを着たニシン」という正月料理が、食糧不足の旧ソ連時代に庶民の間で喜ばれたという。

もっとも、スターリンは巷の食糧不足などお構いなしにたらふく食べていたようだ。彼にとって、ウォッカとニシンは食事の始まり。このあとに豪華なメニューが続くのであった。

### 豆知識

「毛皮のコートを着たニシン（Селёдка под шчбой＝セリョートカ・ポド・シュボイ）」は、細かく切ったニシンの塩漬け（時に生のニシン）とマヨネーズやスメタナ（サワークリーム）で合わせたニンジン、タマネギ、ジャガイモ、リンゴ、ビート（赤紫色のサトウダイコン）などを積み重ねて作るサラダ風料理。見た目にも華やかな一品。

Table 8

## 東部戦線のイタリア兵を救った羊料理

# 羊のレバーと玉ねぎのソテー

**Fegato con Cipolle**

「羊を一頭殺したそうで、羊の脂で玉ねぎと一緒に炒めたレバーを私にくれた。そのレバーは信じられないほどうまかった」。『雪の中の軍曹』（マリオ・リゴーニ・ステルン著）に見る一節だ。

一九四三年一月、ドイツ軍はスターリングラードで大敗を喫し、ともに戦っていたイタリア軍部隊も敗走を強いられた。当時、第2アルピニ（山岳）師団「トリデンティーナ」第6山岳連隊「ヴェストーネ」大隊第55中隊の軍曹だったマリオ・リゴーニ・ステルンは、自らの経験を秀逸な記録文学として今に伝えている。

ソ連軍と対峙し、ドン川沿いに展開していた彼らは、厳冬期の草原をニコラエフカ目指して徒歩で撤退。やがて食糧は底をついたが、途中の村々で鶏や豚、羊、山羊が随時入手できたのは幸運だった。同書には、「羊は別の日にも食べた」と記述されており、その時は、腿肉、心臓、レバー、腎臓を素焼きで食している。凍えきり、消耗しきった身体には、熱く血のにじんだ肉がたまらなくうまかったという。

羊は紀元前八〇〇〇年頃、豚や牛などよりも早く、西南アジアで家畜化されたといわれる。それがギリシア、古代ローマを経てヨーロッパ各地に伝播した。復活祭に仔羊が食されることも多く、いわば祝祭日の

1941年6月22日、ドイツ軍が「バルバロッサ」作戦を発動してソ連に侵攻すると、イタリアのムッソリーニも自国軍を東部戦線へと派遣した。写真はドン川沿いの戦線からドネツ川方面に向けて雪原を撤退中の第2山岳師団「トリデンティーナ」の将兵。アルプスの雪に慣れた山岳部隊でもロシアの酷寒には耐えられなかった。スターリングラードにてドイツ第6軍が降伏した1943年1月の撮影。

**豆知識**

ペコリーノ＝ペコリーノ・ロマーノ。羊乳を素に紀元前1世紀のローマ時代から作られてきたもっとも古いチーズの一種。独特のうまみがあり塩味が強いので、すりおろしてスパゲティにかけたり、ソースの材料に使うことが多い。現在、羊の飼養が多いラツィオ州とサルデーニャ州でのみ認可製造される。

r e c i p e

## 羊のレバーと玉ねぎのソテー

●材料（2人分）
羊のレバー　300g
タマネギ　1/2個
小麦粉　適量
バター　10g
塩　適量
胡椒　適量

●作り方
①羊のレバーは大きめに切り分け、キッチンペーパーなどで表面の水分をふき取り、表面に小麦粉をまぶしておく。
②タマネギは1cm幅ぐらいにスライスする。
③フライパンにバターを入れて溶かし、①の羊のレバーを入れ、さらに②のタマネギを加えて炒める。
④塩、胡椒で味を調える。

食肉といったイメージも強い。

イタリアでは、ローマを中心とするラツィオ州周辺が羊の放牧が盛んな土地で、アッバッキオ（乳飲み仔羊）のローストや、カチャトーラ（炒め煮）などの伝統的な羊料理が有名だ。また、羊飼いの島と呼ばれるサルデーニャ州では、仔羊のスペッツァティーノ（仔羊肉の煮込み）、コルダ（仔羊の腸のトマトソース煮込み）や、ペコリーノ（羊乳チーズ）と羊肉のポルペッティーネ（ミートボール）などが郷土料理として知られている。

羊のレバー料理には、ハーブを効かせたソテーやパテ、クリームやトマトを使った煮込みなど手の込んだ料理もあるが、極寒の撤退行の渦中で彼らが味わった一片のレバーは、荒っぽい兵士の手料理ながら、何物にも代えがたい御馳走だったろう。

1942年１月、雪の中を進むイタリア軍部隊。同軍は、ドイツ軍装甲部隊さえ手を焼くソ連のT-34戦車への対抗手段にまるで欠けており、おまけに防寒装備が脆弱で将兵の戦意も低かった。こういった事情が重なり、東部戦線に送り込まれたイタリア軍部隊は多大な犠牲を出している。

Table 9

未来の士官をもてなしたニミッツ夫人の定番手料理

# チキン・ヌードル・キャセロール

**Chicken-noodle Casserole**

一九二六年～二九年、チェスター・ニミッツ中佐（当時）は「海軍予備士官訓練隊（ＮＲＯＴＣ）」創設の命を帯びて、カリフォルニア大学バークレー校に海軍からの派遣教授として勤務した。その間、土曜日の昼食に学生たちをよく自宅に招いたという。メニューはほぼ決まっていた。「ニミッツ夫人（キャサリン）は食費と若者たちの食欲を念頭に置き、もっぱら鶏とヌードルのなべ料理を出し、これが大好評を博すようになった」。『提督ニミッツ』（Ｅ・Ｂ・ポッター著）にはこう記されている。同書では「なべ料理」と訳されているが、それはすなわち、「チキン・ヌードル・キャセロール」のことだ。

キャセロールとは本来は「鍋」の意味だが、肉や野菜などの食材を耐熱容器に入れてオーブンで焼くなどした料理の総称でもあり、普通、容器ごと食卓に出されることが多い。

一九二〇年代のアメリカでは、第一次世界大戦時以来の食糧節約の影響もあって、経済的な家庭料理としてキャセロール料理がよく作られた。安価で固い肉でも蓋をして時間をかけて蒸し焼きにすればやわらかく仕上げることができ、野菜や米、マカロニ、スパゲッティなどを入れればボリュームもでる。家計を守る主婦にとってはうれ

1907年に撮影された若き日のニミッツ。ドイツ系アメリカ人で、アナポリス海軍兵学校卒業後しばらくして潜水艦畑を歩くようになる。士官候補生時代の1905年、来日していた戦艦『オハイオ』に乗艦していたが、日本海海戦戦勝祝賀会に招かれ、東郷平八郎提督の胴上げに参加してしばしの会話も交わしている。さらに1934年に東郷が逝去すると、国葬に参加すべく重巡洋艦『オーガスタ』艦長として再度来日した。

結婚した当時のニミッツ夫妻（1913年）。どこの国でも結婚した尉官の家庭は、幼児がいることも多く佐官に昇進するまで家計は苦しいのが普通だった。キャサリン夫人もまた、他の士官の妻と同じく細心の注意を払って家計を取りしきったという。

r e c i p e

## チキン・ヌードル・キャセロール

●材料
鶏もも肉　300g
フィットチーネ（普通のスパゲッティでもよい）　100g
タマネギ　1個
シュレッドチーズ　適量
※チェダーチーズやゴーダチーズ、モッツァレラチーズなどを好みの組み合わせてもよい。
小麦粉　60g
バター　30g
牛乳　300cc
塩　適量
胡椒　適量

●作り方
①鶏肉は一口大に、タマネギは薄切りにカットしておく。
②フライパンにバターを入れて、バターが溶けたら鶏肉とタマネギを加えて炒める。
③②に小麦粉を加えてから炒め、全体に行き渡ったら牛乳を少しずつ加える。とろみが付いたら塩、胡椒で味を調える。
④別の鍋でフィットチーネを茹でる。
⑤のフィットチーネを④に加えて混ぜ合わせてから耐熱容器（キャセロール）に入れる。
⑥にチーズをのせて180度のオーブンで40分～1時間程度焼く。
※チーズをのせずに、多めのホワイトクリームだけでもよい。

しい料理といえるだろう。

ニミッツ夫人がどのようなレシピでチキン・ヌードル・キャセロールを仕上げたかは記されていないが、当時出版された家庭料理本における一般的なレシピでは、いったん火を通したタマネギやセロリ、ピーマンなどのみじん切り、鶏肉、パスタ、ホワイトクリームソースなどをキャセロールに入れて合わせ、約一六〇～一八〇度のオーブンで一時間前後焼く、とある。ソースを手作りするなら、手間はかかるが、そのあたりにも作り手の味の個性が出る。

ニミッツは学生一人ひとりに対して父親のような関心を示して接し、夫妻は学生たちのダンスパーティーによく招かれて親交を深めたという。どれほどの学生が夫人の手料理を楽しみ、そして、誇り高きアメリカ合衆国海軍士官に任官していったのだろうか。

### 豆知識

「チキン・ヌードル・キャセロール」には「チキン・フリカッセ（クリーム煮）」を作り、パスタと混ぜて焼くといった手の込んだレシピもある。一方でキャンベル・スープ社は1916年以降『ヘルプ・フォー・ザ・ホステス』等の自社製品を使った料理レシピ冊子を発行し、キャセロール料理に濃縮クリームスープの缶詰を利用するなど、気軽に作れるレシピを提案。これが全米に広く普及した。

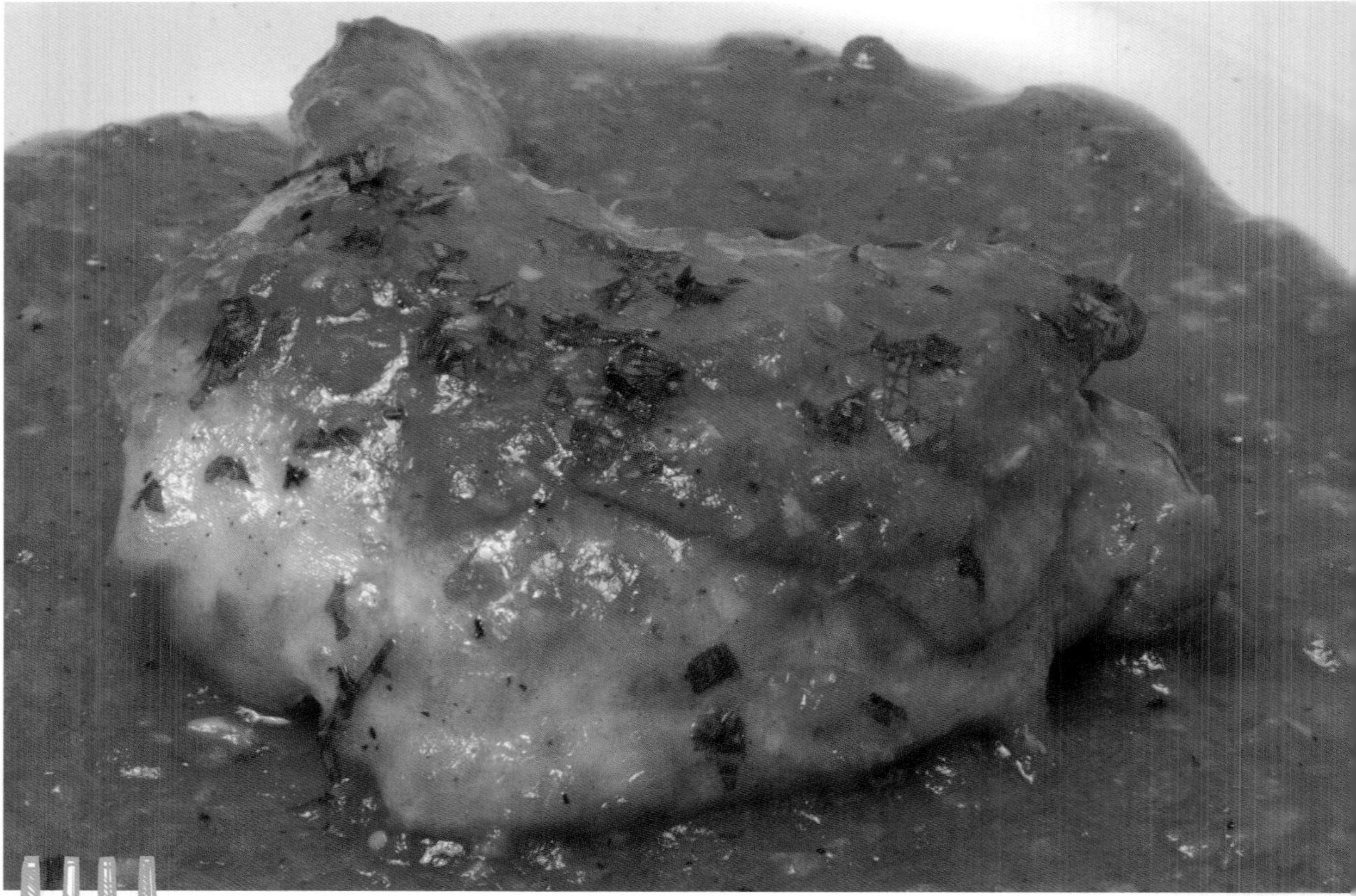

Table 10

## ナポレオンの勝利を祝った野戦料理

# 若鶏のマレンゴ風

**Poulet Marengo**

フランス料理に「若鶏のマレンゴ風」というのがある。実はこの料理名、ナポレオン・ボナパルト率いるフランス軍がオーストリア軍を破った、かの「マレンゴの戦い」の戦場となった北イタリアの小村マレンゴにちなむ。

一八〇〇年六月十四日。激戦を経て劇的な勝利を収めたナポレオンは、夕方、幕僚たちとともに食事を摂ることにした。だが、食材班はナポレオンの動きに追随しておらず、専属料理人デュナンだけが従っており、肝心の食材がない。そこでデュナンは騎兵を派遣し、付近の農家から食材を徴発した。手に入ったのは数羽の鶏とトマト、ニンニクぐらいだったが、幸い、彼の手元には油とコニャックがあった。デュナンは、鶏肉を油で焼き上げ、つぶしたトマトとニンニク、コニャックを加えて料理に仕上げた。現地調達の質素な食材で作った料理ながら、それが、命を賭した戦いで空腹となったナポレオンらにとっていかに旨いものであったかは想像に難くない。

さすがに著名人ナポレオンにいわれのある料理ゆえ、その伝承にはいくつかの説がある。調達の際、材料が少なかったので近隣の川で獲ったザリガニも使ったという話から、現在「若鶏のマレンゴ風」にはエクルヴィス（ヨーロッパザリガニ）やフライ

▲『アルプス越えのナポレオン』（1801年、ジャック=ルイ・ダヴィッド作）には、いななく愛馬マレンゴ（アラブ種の牡馬）に乗るナポレオンの姿が描かれている。愛馬の名はもちろん、勝利を収めたマレンゴの戦いに由来したものだ。

▼マレンゴの戦いにおいて、味方の来援を麾下将兵に告げるナポレオン。オーストリア軍の攻撃に後退を始めたナポレオンだったが、ドゥゼー将軍率いる部隊の増援を得て反撃に転じ、逆転勝利したのであった。

r e c i p e

## 若鶏のマレンゴ風

●材料

(若鶏の) 骨付きもも肉（骨なしもも肉でも可） 1本
マッシュルーム 4個
タマネギ 1/4個
ニンニク 1片
完熟トマト（缶詰のトマトでも可）200g
オリーブ油 適量
パセリ 2枝
バジル 小2枚
白ワイン 100cc
鶏の出し汁、もしくはコンソメ 約150cc
ローリエ 1枚
塩 適量
黒胡椒 適量
小麦粉 適量

●作り方

①マッシュルームはスライス、タマネギはみじん切り、トマトは種を取り除いて角切りにしておく。
②鶏もも肉（骨付き）は、小さければそのまま表面に軽く切り目を入れ、大きければ2～3つに切り分け、塩、黒胡椒をして、小麦粉をふり、余分な粉を落とす。
③フライパンにオリーブ油とつぶしたニンニクを入れて熱し、②の鶏肉を皮を下にして入れ、途中裏返して、全体にきれいな焼き色がつくまで焼き、取り出しておく。
④③のフライパンに、スライスしたマッシュルーム、みじん切りにしたタマネギを入れて炒める。
⑤白ワインを加えて煮詰める。
⑥角切りにしたトマトを加える。
⑦③の鶏肉を戻し、鶏の出し汁、ローリエ、みじん切りにしたパセリ・1枝分、粗切りにしたバジルを加え、軽く煮込む。
⑧鶏肉に火が通ったら、レモン汁と残りのパセリのみじん切りを加え、塩、胡椒して、味を調える。

ドエッグが添えられることも少なくない。だがこれについては、のちにレストランで提供するがため豪華に〝進化〟させた結果らしい。

また、戦争で疲弊し食料難だったマレンゴの農家からトマトが手に入ったのかという疑問を持つ研究者もいる。実際、イタリア各地方の料理資料をまとめ、同国料理を体系化したことで知られる、銀行家で料理研究家でもあるペッレグリーノ・アルトゥージ（一八二〇～一九一一。イタリア人）による「鶏のマレンゴ風」のレシピにトマトは記されていない。

この鶏料理は、その誕生の経緯からフランス料理としてもイタリア料理としても作られているが、いずれにせよ、ナポレオンにとっては勝利の膳だった。彼は験を担いだのか、のちの戦いにおいてもデュナンが作る「若鶏のマレンゴ風」を好んで食したといわれている。

**豆知識**

アルトゥージのレシピでは、ぶつ切りにした鶏をバターとオリーブオイルで炒め、塩、コショウ、ナツメグなどで調味。小麦粉を振り、白ワインをかけ、ブイヨンを加えて煮たのち、パセリのみじん切りを散らしてレモン汁をかけて供する。だが、元来がレシピなどない即興の野戦料理なので、爾後、多様なアレンジ・レシピが考案されている。

Table 11

日系兵士が好んだハワイのローカル料理

# チキン・ヘカ

**Chicken Hekka**

「水をたらしてコンソメの素を溶き、醤油代わりに何でも使った。それと砂糖で〝静かなる徴発〟の鶏と野菜を味つけしたのがチキン・ヘカと呼ばれる彼らの好物だ。スキヤキの味である」。第二次世界大戦中、「二世部隊」として知られる日系アメリカ兵のヨーロッパ戦線での様子を綴った『ブリエラの解放者たち』（ドウス昌代著）に記された一節だ。

日本からハワイへの移住は、明治初頭に始まっている。そこには、他県や他民族の料理の影響を受け合い、日系人独特の料理が形成されてきた歴史がある。「チキン・ヘカ（ヘッカ）」もそのひとつだ。ハワイの日系人家庭を中心に伝わるローカルフードで、鶏を使った、いわばすき焼き風煮込み料理である。

「ヘカ（hekka）」という言葉は、「すき焼き」の意で使われているが、もともとは日本語の農機具の犂（すき）の先の金属部分を指す「へか」に由来するようだ。また、「へか」という単語は島根県や広島県など西日本の一部で使われてきたらしい。そして、島根県大田市を中心に「へかやき」もしくは「へか鍋」と呼ぶ郷土料理がある。それは魚を野菜やコンニャク、豆腐などと一緒にすき焼き風の鍋にしたもの。ハワイへの移住は西日本から多かったというから、彼らの家

最前線で用意される温かな野戦給食は、日系兵はもとより全世界のすべての将兵に喜ばれた。写真は野戦給食を受け取る第442連隊の将兵。日系人部隊では、白人部隊に付け合わせとして支給された米を炊事兵が物々交換で入手し、主食として炊き出したという。また、ハワイ出身者が多かったのでパイナップルの缶詰も人気があったが支給量は少なかった。

**豆知識**

島根県大田市の波根地区に伝わる郷土料理「へか焼き」は「おおだブランド」に認証されている。日本海に面した波根地区では昔からよく獲れたアマダイやホウボウ、バトウなどの魚を煮て食べていたが、やがてタマネギや白菜、シメジといった野菜なども入れ、魚のすき焼き風になった。醤油、酒、砂糖の甘辛く濃厚な割り下で調理する。かつては祭事や祝い事のハレの日の料理だったが、石見銀山の世界遺産登録を機に、おもてなし料理として注目されるようになった。

r e c i p e

## チキン・ヘカ

●材料

鶏肉　500g
シイタケなどのキノコ２～３個
ネギ　1/2本
タマネギ　1/2個
クレソン　200g
醤油　大さじ2
酒　大さじ2
みりん　大さじ1
砂糖　大さじ1
水　適量

●作り方

①鶏肉は2cm程度の一口大に切る。シイタケは3㎜ほどの厚さにスライスする。ネギは2cm程度の斜め切り、クレソンは5cm程度にカットして、タマネギは厚さ5㎜ぐらいにスライスしておく。
②鍋に水少々と鶏肉とシイタケを入れ、醤油、酒、みりん、砂糖を加えて5分ほど煮込む。
③肉の色が変わったら、タマネギを加える。
④タマネギに火が通ったら、ネギ、クレソンを加えて全体に火が通ったら完成。

庭で作られたすき焼き料理が「ヘカ」となったという説にも納得できる。

一般的に知られる「チキン・ヘカ」は、一鍋に油を引き、ショウガを炒めてから、一口大に切った鶏肉を炒め、シイタケ、タケノコ、ネギ、タマネギ、セロリ、クレソン、春雨などとともに、醤油、酒、味醂、砂糖といった甘めの割り下を調味料として煮込むが、もちろん、各家ごとにレシピは微妙に異なる。

もっとも当時、日系アメリカ兵の部隊だからといって、日本料理に必要な食材や調味料が特別に配給されるはずもない。だが、「日系兵はレーションの缶詰に飽き足らず、どこにいても新鮮な食べ物捜しに貪欲である」（『ブリエラの解放者たち』より）ことから、イタリア戦線のアンツィオ付近では、運河でクレソンを探したり、ウナギを捕るなどしたそうだ。

また、「炊事兵の中には日本料理に器用な腕を示す者が少なくなかった」という。現地で入手できた野菜は限られたものだったろう。それでも、本国で家族の多くが収容所生活を強いられている状況下、日系アメリカ人の誇りをかけて戦った男たちにとって、即席ながら故郷をしのばせる「チキン・ヘカ」が、どれほどのご馳走であったかは想像に難くない。

Table 12

イギリス海軍将兵の“よき戦友”

# フィッシュ・アンド・チップス

## Fish and Chips

「スカパ・フローには魚がいっぱいいた。特にポラックが多かった。私は上陸しないときには、よく船首楼甲板からマス竿で釣りをしていた……」。V・E・タラントの詳細な取材により著された『戦艦ウォースパイト』には、乗組員の士官候補生の回想として、そう記されている。一九一五年から一六年頃の話だ。そしてある日、艦長の指示により丸いネット（網）を作り、大量のポラックを獲った。「それは一〇〇〇人以上の乗組員全員に、魚料理を提供できるのに充分な量だった」という。

ポラックとはタラ科魚類の一種。イギリスの人々にとって、タラ科の白身魚の料理といえば「フィッシュ・アンド・チップス」だ。大きめの切り身に衣をつけてラードや油で揚げ、同じく揚げたジャガイモとともに食す。イギリスの国民的魚料理として有名だが、その誕生は一八六〇年頃、ロンドンおよびマンチェスター近郊の店といわれている。もっとも、フライドフィッシュは十七世紀にユダヤ系移民により持ち込まれ、フライドポテトもベルギーから伝播したとされるから、単品料理としては当時でも新しいとはいえない。だが、産業革命期以降の女性労働力の必要性、即ち食事のテイクアウトや外食の拡大、鉄道網の整備、蒸気船によるトロール漁法の発展で、漁港

▲第2次大戦中のイギリス海軍タンカーの厨房。排水が生じる水場は画面右の外舷側に配置されている。フィッシュ・アンド・チップスは、第1次・第2次両大戦を通じて同国海軍将兵に好まれた魚料理のひとつであった。だが海が時化ると、油鍋を使わないソーセージの煮込みやラム肉のシチューなどといった大鍋ひとつでつくれて配膳も容易な料理が多用された。

▲1943年7月3日、シシリー島近海でR級駆逐艦ライダーに給油と人員移動を行う戦艦ウォースパイト。燃料搭載量が多い戦艦や空母は、状況によっては駆逐艦などの小型艦艇に燃料の洋上補給を行うことが間々あった。

r e c i p e

## フィッシュ・アンド・チップス

●材料（10人分）
タラ、シタビラメ、カレイなどの魚の切り身　1人分約200g
ジャガイモ　約2kg

＜魚用の衣＞
小麦粉　3カップ
卵　2個分
　※卵黄と卵白を分ける
ビール　大さじ6
塩　大さじ1
水　大さじ10

●作り方
①衣を作る。ボールに小麦粉を入れ、卵黄、ビール、塩を入れ、よく混ぜる。
②①に泡立てた卵白をざっくり混ぜる。
③ジャガイモは皮をむき、1.5㎝角の細長い片に切って、約190度の油でカリカリになるまで揚げて、油を切る。冷めないように、温めたオーブンなどに入れておくとよい。
④水洗いして、水気をふき取った魚の切り身に、②の衣をまぶし、180～190度の油で5～6分、きつね色になるまで揚げる。
⑤揚げた魚とジャガイモを皿に盛り付け、塩を振りかけ、好みでモルト・ヴィネガー（なければワイン・ヴィネガー、リンゴ酢、米酢、レモン汁でもよい）をかける。

都市から工業都市への北海産の鮮魚の搬送拡大といった要因を背景に、フィッシュ・アンド・チップスは、テイクアウトができる専門店の増加を受けて（一九一〇年に二万五〇〇〇店、同二〇年に三万五〇〇〇店）、全国の特に労働者階級の日常食として広がっていった。

かくして、日常的に親しんだフィッシュ・アンド・チップスの食材となるポラックを大量に得た戦艦『ウォースパイト』の乗組員らは、喜び勇んでフライドフィッシュを作ったに違いない。

ちなみに、第二次世界大戦中、フィッシュ・アンド・チップスの需要を支えたトロール漁業界の発展により、海の経験豊かな多くの漁業者が海軍に入隊。食糧統制に際し、チャーチル首相は供給が容易な魚とチップス（ポテト）をイギリス国民にとって不可分の〝よき戦友〟と述べて対象としなかった。また、ノルマンディー上陸作戦時、一部のイギリス軍部隊は「フィッシュ」と「チップス」を合言葉に使ったという。

### 豆知識

「フィッシュ・アンド・チップス」は、タラ類やヒラメ類などの白身魚に、水とエール（ビールの1種）で溶いた小麦粉の衣を付けて揚げることが多い。エールを使うことでかすかな苦味がつき、サクサクとした食感も出る。なお、チップスとはフライドポテトのことで、イギリスでは薄いポテトチップスをクリスプス（crisps）という。

Table 13

## ベルリン総統地下壕で供された"晩餐"

# カスラーとザウワークラウト

**Kasseler mit Sauerkraut**

一九四五年四月二十五日（二十六日という説もあり）、ソ連軍の重包囲下にあったベルリンに、ローベルト・リッター・フォン・グライム空軍大将が、高名な女性飛行家ハンナ・ライチェが操縦するフィーゼラー・シュトルヒ機で到着した。ヒトラーはグライムを、数日前に解任したゲーリングに代わる空軍総司令官に任命し、元帥に昇進させるべく招聘したのだった。飛行中、グライムは足に被弾して負傷したが、空軍総司令官としての職責を果たすべくベルリンを脱出する二十八日まで、ライチェとともに総統地下壕に滞在している。

この間に二人を歓迎する会食が催されたという。その様子は映画『ヒトラー 〜最期の12日間〜』でも描かれている。本作品はヨアヒム・フェストの同名著書およびトラウデル・ユンゲ著『私はヒトラーの秘書だった』等を原作とし、存命していたユンゲの証言が随所に生かされたドキュメンタリータッチの秀作である。

この会食では、菜食主義者で知られたヒトラーのメニューはホウレンソウ料理だった。一方、グライムやライチェ、同席したエヴァ・ブラウンなどのメインの一品は「カスラー」（カッセラーともいう）で、たっぷりのザウワークラウト（塩漬けキャベツ）を付け合わせた飾り気のない質実剛健とも

1947年に撮影された総統官邸の中庭。この地中に総統地下壕が造られていた。中央の円錐屋根の建物は監視哨兼第2緊急通用口。その左の出入り口のある構築物が第1緊急通用口である。防御施設はそれなりに堅固な造りではあったものの、まさかベルリンで本格的な市街戦が戦われることになるとは予想もしなかった頃の設計であるため、その防御能力には限界があった。

**豆知識**

「カスラー」の調理法は、部位や地域、家庭により多様だ。シンプルなものは、塊のまま煮込んでから切り分けたり、厚切りにしたものを焼き、ザウワークラウトを添える、といった調理法だろう。ちなみに、「カッセラー・リッペンシュペアー（塩漬け燻製豚あばら肉のロースト）」はベルリンの郷土料理として有名である。

r e c i p e

## カスラーとザウワークラウト

●材料（2～3人分）
カスラー（塊） 約500g
ザウワークラウト 適量
水もしくはコンソメスープ 約300cc

●作り方
①カスラーの塊を厚めにカットする。
②フライパンにカスラーとザウワークラウトを入れ、水もしくはコンソメスープを入れて温める。
③適度に温まったら、盛り付ける。

いえる典型的なドイツのワンプレートである。

「カスラー」とは、豚肉を塩漬《えんせき》した後に燻煙《くんえん》したドイツを代表するスモークドハムだ。もっとも、日本人にとっては、ハムと称するより「塩漬け燻製豚肉」と呼んだ方がしっくりくるかもしれない。ドイツ全地域で好まれ、その名称は、ベルリンのポツダム通りにあった「カッセル」という名の肉屋が、一九〇〇年頃に作ったことに由来するといわれる。豚の首肉、背肉のほか、肩、モモ、あばらなどの各部位が使われ、それをザウワークラウトとともに煮たり、茹でたり、焼いたりして食す。

なお調理法の違いにかかわらず、付け合わせはザウワークラウトやジャガイモが定番である。

五月二日のベルリン陥落までの数日間、市街地は破壊され、市民は窮乏を極めていた。総統地下壕の食糧庫もワイン貯蔵庫もともに在庫は尽きかけていただろう。そんななか、ヒトラーとの晩餐は、最後まで彼に忠誠を誓ったグライムにとっていかなるものだったか。

ちなみに、およそ一か月後、捕虜となったグライムが獄中で自決に用いた毒薬は、このときヒトラーから授かったものだったという。

Table 14

## ガリポリの塹壕で作られた“ご馳走”

# パンケーキ

**Pancake**

「兵は壕の手直しをしたり、軍服に付いたシラミをつぶしたり、自分用の食事を作ったり〈小麦粉を水でこねたパンケーキがまたたくまに全戦域に広まった〉……」（アラン・ムーアヘッド著『ガリポリ』より）。

第一次世界大戦時、一九一五年四月から翌年一月までのガリポリ上陸作戦に関わる詳細な取材を通してまとめられた本作からは、過酷な戦場に身を置く将兵の日々の姿が読みとれる。

作戦中、海上輸送に頼った各種物資は不足がちだった。ヘレス岬に上陸したイギリス軍、フランス軍、アンザック地区に上陸したANZAC軍（オーストラリア・ニュージーランド軍団）でも、前線司令部付きの士官の食事ですら、脂っぽい塩漬け牛肉（コンビーフ）の缶詰と、歯が欠ける者が出るほどに固いビスケット、プラムやリンゴのジャムがあれば上等で、野菜や卵、ミルク、果物は滅多になかった。一方、兵士らは缶詰食のほかに、冒頭のごとく、時にパンケーキを焼いて食べたという。

パンケーキは、小麦粉と水に、それを焼く石板や鉄板などと火があれば簡単に作れることから、その歴史は有史以前に遡る。石器時代には植物の粉を水と混ぜて焼いたといわれ、古代ギリシア人はハチミツ入りの甘いパンケーキを好んだと伝わる。詳細

横穴式掩体壕の前で食事中のスロウチ・ハットを被ったオーストラリア軍兵站部隊の兵士。壕入口左には、当時、戦場で水など飲用の液体の搬送に活用されたミルク缶が見える。1915年6月、ガリポリにて。同地に上陸して布陣した英連邦軍は、水や食料の補給に苦労した。戦況も決して芳しくなくやがて撤退に至り、後に同地への上陸は失敗だったと評された。

な起源は定かではないが、世界中で地域ごとのパンケーキが見られることが歴史の古さを物語っており、中世ヨーロッパでは、すでによく作られる料理となっていた。

　ちなみに、イギリスの一般的なパンケーキに欠かせないのが小麦粉、卵、牛乳。これらを混ぜてフライパンで薄く焼きあげ、レモン汁やシロップ等をかけて甘いデザートとして、あるいは肉や野菜等を巻いてメイン料理として食する。

　また、キリスト教圏では古くから「懺悔の火曜日」に祝宴を開き、パンケーキを作る習慣が一部にあった。翌日から始まる「四旬節」には卵やミルク、バター等を食べることが禁じられたため、断食を前に食材を使い切り、パンケーキとともにご馳走を食べるのである。ゆえにこの日は「パンケーキ・デー」とも呼ばれている。

　さて、ガリポリの前線にいる将兵が入手できる小麦粉の量は限られていた。飲料水はことさら貴重で、ヘレス岬の海岸堡には井戸がなく、ナイル河から海路輸送してポンプで海岸へ送り、騾馬で前線へ運ばなければならなかった。また、アンザック地区では海水を蒸留して使ったという。

　そんな状況下で作った小麦粉と水だけのパンケーキ。塹壕に籠る兵士たちにとって、それはご馳走だったに違いない。

**豆知識**

イギリスのパンケーキの基本は、本文での記述のように小麦粉、卵、牛乳をこねて薄く延ばして焼くが、同じイギリス国内ながらスコットランドでは、砂糖のほか、重曹を加えて厚みのあるパンを焼く地域もあり、それはアメリカン・タイプの「ホットケーキ」に近い。ちなみに、第1次世界大戦当時、イギリス国内の小麦粉は約8割を海外に依存していたこともあり、軍の食糧としての配給も限られていた。

r e c i p e

## パンケーキ

●材料

薄力粉　150g
卵　2個
牛乳　300cc
バター　適量

●作り方

①卵と牛乳をよく混ぜる。
②ボウルに薄力粉を入れ、その中に①をダマにならないように少しずつ加える。
③フライパンを中火にかけ、バターを入れる。
④②の生地を適量流し入れ、薄く伸ばす。
⑤裏面が焼けたら、裏返して両面を焼く。

Table 15

## 母なるロシアの味

# シチー

**Щи**

第二次世界大戦中のソ連の食糧事情は、市民だけでなく、前線で戦う兵士にとっても悲惨な状況だった。一九四一年、前線兵士一日分の食糧は、パン約一キロ、肉一五〇グラム、干し魚、ソバの実、ラードなどを基本としたが、それは建前の話。実際は乾燥食糧しか支給されず、さらに何日も支給がないことさえあったという。また、軍内部では悪徳な士官による横領も後を絶たなかった。НКВД（エヌカーヴェーデェー。内務人民委員部）の査察員は「(兵士の）食事は必要な水準を満たしている」と報告するのが常。それゆえ前線の兵士は、水っぽいスープ、砂糖の入らない紅茶、肉の筋が数切れといった食事が日常的であったという。だが、軍組織の最下層たる兵士の苦情は上に正しく伝わらない。

「兵士たちはキャベツのスープと一緒に怒りも飲み下さねばならなかった……」とは、『イワンの戦争―赤軍兵士の記録1939-45』（キャサリン・メリデール著）の一節である。

ここに出てくる「キャベツのスープ」とは、ロシア語でいう「シチー」（発音はシーに近い）のこと。ロシア料理におけるスープは汁だけの軽いものではなく、本来、具がたっぷり入った食事のなかでも重要な位置を占める存在で、シチーは、ロシア料理

豆知識

ロシア料理を代表するボルシチは、もとはウクライナ料理。さまざまな肉類、野菜が使われ、地方や家庭によって作り方や味に違いがあるが、調理の際、欠かせない食材がビーツ。ほろ苦い味を呈し、スープを赤紫色にするビーツは、ロシアでは10～11世紀ころから知られていた国民的な野菜である。

雪上の前線でフィールド・キッチンから温かい食事の配給を受けるソ連軍兵士たち。この日、食器に注がれたのは「シチー」だったのだろうか。同軍の場合、最前線では兵士たちが集まって火を起こし、各人が手に入れた食糧をまとめてスープやシチューに調理。それを分け合って食べるのが普通だった。

r　e　c　i　p　e

## シチー

●材料

＜牛肉とビーフ・ストック＞
牛肉（胸肉等の赤身）　500g
水　3～4カップ
タマネギ　1個
ニンジン　1本
ブーケガルニ
　セロリの葉　2～3茎
　パセリ　5～6枝
　ローリエ　2～3枚
塩

＜スープ用＞
バター　約40g
キャベツ　400gg
タマネギ　2個
セロリの茎　1本
パセリの茎　1本
ジャガイモ　400g
塩　適量
黒胡椒　適量

●作り方

①大鍋で牛肉と他の材料を弱火で1時間から1時間半、牛肉が崩れない程度にやわらかくなるまで煮込む。牛骨があれば一緒に煮込むとよい。
②牛肉を取り出して、さいの目に切っておく。
③②の汁はさらに数時間煮て、野菜などを濾してビーフ・ストックを作る。
④キャベツは粗いせん切りに、タマネギは薄切りに、セロリとパセリの茎は皮をむいてせん切りに、ジャガイモはさいの目にカットする。
⑤大鍋にバターを溶かし、タマネギがやわらかくなるまで炒め、キャベツ、セロリ、パセリのせん切りを加え、蓋をして弱火で10～15分ほど蒸し煮にする。
⑥⑤にビーフ・ストック、さいの目に切った牛肉を加えて中火で15～20分ほど煮込み、さらにジャガイモを加えて20分ほど煮込み、塩、胡椒で味を調える。
※酸味を加えるために、仕上げにトマト2～3個を刻んで加えてもよい。

の代表としてよく知られるボルシチとともに、ロシアの二大スープに数えられている。シチーは九世紀のキエフ公国の時代から作られていたといい、中世以降、ロシアの農民に食べ継がれてきた伝統的な料理なのである。

　シチーの主な材料はキャベツだが、肉、キノコ、タマネギやニンニクといった香味野菜も入る。古くはペチカ（ロシア式暖炉）に、水と肉を入れた鍋や壺を置いてじっくりとブイヨンを作り、別に火を通したキャベツなどの野菜を加え、最後にスメタナ（サワークリーム）を入れて仕上げられた。肉は牛、豚、鶏などなんでもよく、キャベツは夏場なら生があるが、秋冬は塩漬けにして発酵したキャベツを使う。時代により、また各家ごとの作り方と味があるものの、塩・胡椒のシンプルな味付けなのであっさりしており、毎日食べても飽きることはないのが特徴だ。「実の父親にはそのうちうんざりするが、シチーには絶対飽きることがない」という諺が生まれたのも、古くから黒パンやカーシャ（粥）とともに、食卓の主役として根付いてきた料理ゆえだろう。

　大祖国戦争を戦い抜いた兵士たち、そして銃後の市民たちにとって、シチーは「命の糧」であると同時に、「母なるロシアの味」でもあったのだ。

Table 16

## イギリスの船乗りに捧げられた料理

# コーニッシュ・パスティ

**Cornish Pasty**

ノルマンディー上陸作戦当日の一九四五年六月六日午後、艦砲射撃中だったイギリス戦艦『ウォースパイト』の艦橋で「(艦長の)ケルシー大佐がコーニッシュパイを一口食べて『こいつは健康にいいぜ』と言ってから船の外へ投げ捨てた」と、V・E・タラント著『戦艦ウォースパイト』は伝えている。これはイギリス南西部コーンウォール地方で誕生したパイ「コーニッシュ・パスティ」のことだ。

「パスティ」は当初、鹿肉や羊肉、鮭、鰻など魚類や野菜を包んで焼いたパイ料理として、十三世紀頃に上流階級の食卓に登場したという。庶民に広まったのは十七〜十八世紀にコーンウォール地方の鉱夫の昼食とされたのが最初といわれる。鉱夫は一度地下に潜ると簡単には地上に戻れない。そこで、焼いてから時間が経っても温かいように皮を厚くし、閉じた縁はさらに厚く固く作られた。掘削作業中に毒物の砒素で汚れた手でこの縁をつかんで食べ、汚れた部分は捨てられたが、それは坑内に棲む精霊ノッカーの糧となって鉱夫らの安全を守ったという。

この料理に関わる伝承は多い。コーンウォールの女性はパスティに何でも詰めて焼いてしまうので、悪魔すらパスティの具にされないよう、デボン州との境に流れる

豆知識

「コーニッシュ・パスティ」の名称は現在、「シャンパン」などと同様に、EUの産地表示保護制度PGI（Protected Geographical Indication）に認定されている。細かく切った牛肉、ジャガイモ、スウィード、タマネギを混ぜて塩・胡椒で味付けをした具を、生のまま、強力粉とバター、塩、冷水で作った生地で包んでオーブンで焼くのが、伝統的な作り方だ。

1944年6月6日のDデー当日、ノルマンディー沖合で「史上最大」の上陸作戦を支援して艦砲射撃中の『ウォースパイト』。艦尾側の3番砲塔が稼働していないのは、地中海でドイツ軍の滑空誘導爆弾フリッツXを被爆した際に損傷したが、陸の目標への艦砲射撃に動員されたので修理せずに出動したため。コーニッシュ・パスティは、肉などを詰めれば食事に、ジャムやコンポートなどを詰めればおやつとなり、しかも冷めても美味しく食べられるので作り置きのできる料理として重宝された。

r e c i p e

## コーニッシュ・パスティ

●材料（2個分）

<パイ生地>
強力粉　250g
ラード　60g
バター　60g
※パイ生地は市販の生地でも可。

<フィリング>
牛肉　300g
タマネギ　2個
ジャガイモ　3個
塩　適量
胡椒　適量
溶き卵　1～2個分

●作り方

①強力粉、塩をボウルに入れ、さらに小さくカットしたラードとマーガリンを加え、ラードとマーガリンを指で潰しながら、全体を混ぜる。
②水を少量ずつ加えて、全体をまとめ、練り込む。ラップをして冷蔵庫で20分ほど寝かせる。
③フィリング（パイの詰め物）を作る。牛肉を1㎝くらいの角切りから粗いみじん切りにする。タマネギは粗いみじん切り、ジャガイモは皮を剥き、1cmぐらいの角切りにする。切った材料に塩、胡椒しておく。
④②の生地を冷蔵庫から取り出し、2等分して、厚さ3mm、直径20cmに伸ばす。
⑤生地の半円部に、端から1.5cmぐらい空けて、ジャガイモ、牛肉、タマネギをのせる。
⑥生地の端に溶き卵を塗り、生地を重ねる。
⑦生地の縁部分を指で押し付けて、しっかりと蓋をする。さらに縁に溶き卵を塗って、折り曲げて縁の部分に厚みをもたせる。
⑧オーブンは190度にしておく。生地の表面に溶き卵を塗ってから、空気を抜くための小さな穴をフォークなどで空け、オーブンで約1時間焼く。
⑨オーブンから取り出して冷ます。

タマール川を渡ることはなかったという。

　また、王侯貴族が食したパスティには魚介が詰められたが、コーンウォールの主産業である漁業の従事者は、パスティに魚を詰めるのは不吉と考え、船上に持ち込むと荒波を引き寄せるという言い伝えが生まれた。もっとも、これは鉱夫の家族が自分たちの料理を漁師に真似されないように流布した話ともいう。

　やがてコーニッシュ・パスティは漁師や船乗りにも食されるようになった。漁師は港にパスティを置いていき、帰港してから食べたというが、一方、船上に持ち込まれたパスティの外皮の一部は、海難者の霊の空腹を満たすため海に投じられ、それはカモメの餌となった。コーンウォールはじめイギリスのウエストカントリー一帯では、カモメは死んだ船乗りの霊の化身と信じられているのだという。

　『ウォースパイト』の乗組員であるロン・マーチン兵曹は「連合軍兵士の死体が船の脇を流れていくのを見たことは、胸が張り裂けるような悲しみだった」と回想している。艦長M・H・A・ケルシー大佐が投じたコーニッシュ・パスティは、ノルマンディー沖を舞うカモメたちに、きっと届いたことだろう。

Table 17

U-47で出されたスカパ・フロー襲撃直前の夕食

# 豚のあばら肉の燻製とキャベツ

## Rippenspeer

「一六時だ！　戦闘準備。一七時に夕食。豚のあばら肉の燻製とキャベツだ」。（レオンス・ペイヤール著『潜水艦戦争1939—1945』より）。スカパ・フロー襲撃直前の一九三九年十月十三日、ギュンター・プリーン艦長のU-47では、簡単ながら腹にたまる食事をすませてから深夜に作戦開始という段取りだった。当日、艦内は当直を除いて一六時まで睡眠をとることになっていたが、司厨員は一五時に起きて食事の支度をしたという。

「豚のあばら肉の燻製」とは、塩漬けにした豚肉を燻《いぶ》したスモークドハム「カスラー」を指している。また、キャベツとはザウアークラウトのことだ。カスラーにザウアークラウトを添えるのはドイツの定番料理のひとつだが、それが作戦開始直前の最後の温かい料理として用意された。

このときはカスラーを焼くことはせず、ザウアークラウトとともに煮込んだに違いない。なぜなら、Uボートの狭小な厨房の調理器具は電気コンロに小さなオーブン、調理鍋だけであり、換気性が悪いので、空気の汚染を避けるため煙が出せない。この状況下での約五〇人分の温かく腹にたまる料理を作るには、カスラーとザウアークラウトの煮込みがうってつけだからだ。しかも艦内では真水が貴重だ。大鍋に元来水分

雑談に花を咲かせながらジャガイモの皮を剥く。非番のUボート乗組員たちの娯楽と実益を兼ねたひとときだ。背後には魚雷発射管室に通じる円形ハッチが見える。ジャガイモはきわめて保存性に優れており、食品の保存環境が劣悪なUボートには最適の「生鮮食品」のひとつであった。

U-47艦長ギュンター・プリーン。イギリス海軍の本拠地スカパ・フローへの侵入作戦を成功させたあとは「スカパ・フローの雄牛」のニックネームで呼ばれた。しかし1941年5月、U-47は輸送船団攻撃中にプリーンも含む全乗組員とともに行方不明となった。

r e c i p e

## 豚のあばら肉の燻製とキャベツ

●材料（2人分）
カスラー（豚ロースハムでも可） 約400g
ザワークラウト 500g
バター 適量
白ワイン 適量
塩
胡椒

●作り方
①カスラーを約2cmの厚さにカットし、軽く焼き色が付く程度に焼き、取り出しておく。
②①の鍋に、バターとザワークラウトを入れ、炒め煮にする。ザワークラウトの汁気が足りなくなりそうだったら、水か白ワインを加える。
③②に①のカスラーを加えて温め、汁分の味をみて、塩分を調整する。
④カスラーとザワークラウトと一緒に盛り付け、好みで胡椒を振る。

を多く含んだザウアークラウトを入れ、カスラーを加えてひたひたになるほどのわずかな水を足す。そうして一時間も煮込めばカスラーは十分に柔らかくなる。ときにタマネギやリンゴなどを加えることもあるが、それは調理人次第だ。

ところで、「あばら肉」とはあばら骨の周囲にある肉のことだが、一言であばら肉といっても部位の違いで何種類かある。カスラーは骨付きロース肉（カスラーリブ＝カスラーリッペン）を用いたものが多いが、U-47で出されたあばら肉がはたしてどの部位だったかは推して知るしかない。

この日、司厨員は敵に探知されるのを防ぐため、靴にボロ布を巻き足音を消して配膳したという。そして夕食の後は深夜のスカパ・フロー侵入まで、サンドウィッチやチョコレートなど戦闘食が配られた。のちにその勲功を称えられるが、決死の作戦を数時間後に控えてふるまわれた温かいドイツの定番家庭料理を、Uボート乗組員らはどんな思いで味わったのだろうか。

**豆知識**

ザウアークラウトは塩漬けにして発酵させたキャベツ。ドイツではそのまま肉料理の付け合わせとして食したり、カスラーやベーコン、ソーセージなどの加工食肉と一緒に煮込むことが多い。煮込みの場合、加工食肉やザウアークラウトの塩味を生かし、ハーブやスパイスを用いて味を調える。

Table 18

## アメリカ軍将兵に親しまれた望郷のスイーツ

# ドーナツ

**Doughnut**

アメリカ第8航空軍の日常を捉えた多数の写真の中の一枚。そこには、爆撃行から生還した第351爆撃航空群のクルーたちが熱いコーヒーを片手に、デブリーフィングで戦果確認官への報告を待つ様子が写されている。

陸海軍航空隊において帰還者に供される甘いドーナツは定番で、長時間のフライトで消耗したエネルギーを手っ取り早く補給できるだけでなく、祖国を遠く離れた将兵にとっては望郷の味でもあった。

アメリカのドーナツの歴史は、清教徒がアメリカに渡った一六二〇年に遡る。彼らが一時亡命先のオランダで知った揚げ菓子「oliekoek」（=オイリーケーキ）を持ち込んだというのが定説だ。小麦粉、砂糖、卵で作った生地（dough）にクルミを混ぜたそれは、やがて、木の実（nut）を入れた、あるいは、見た目が木の実のような、といった意でdoughnutと呼ばれるようになる。一八〇九年のワシントン・アーヴィングの作品にも「doughnut」という語が登場しているが、実は当時はまだボール状だった。

また、清教徒だけでなくドイツ系移民もドーナツの原型を持ち込んだ。ジャムを入れた扁平型のジェリードーナツは、ドイツのベルリナーが元になっている。

無事に帰還した第8航空軍の爆撃機搭乗員たちにドーナツやコーヒーを配る赤十字（アメリカン・レッドクロス）の女性ボランティア（左端）。彼女たちはドーナツ・ドリー（Doughnut Dollies）の愛称で将兵たちに愛された。食用油脂や糖分がたっぷりと使われていてカロリーが高く、しかも冷めても美味しいドーナツは、航空機搭乗員のみならず、艦艇の乗組員の間食や休息中の陸軍将兵にも好まれた「アメリカ兵の大好物」であった。

r e c i p e

## ドーナツ

●材料（12個）
薄力粉　250g
強力粉　適量
卵　1個
砂糖　80g
牛乳　1/4カップ
無塩バター　30g
ベーキングパウダー　小さじ2
食用油　500ml

●作り方
①バターを湯煎して溶かしバターにしておく。
②ボウルに卵と砂糖を入れて泡立て器で混ぜる。
③②のボウルに牛乳、溶かしバターを入れてさらによく混ぜる。
④薄力粉、ベーキングパウダーも加えて、粉っぽさがなくなるまでゴムベラで混ぜる。
⑤よく混ざったらラップに包んで冷蔵庫で30分ほど寝かせる。
⑥強力粉をふるった台に⑤の生地をのせて、めん棒で厚さ1cmぐらいに伸ばしてから円形に形を整える。直径5～7cmのリング型で中央部の生地を抜く。
⑦170度に熱した油で、両面がきつね色になるまで揚げる。

**豆知識**

1938年6月7日、若き軍医モーガン・ピットが負傷兵にドーナツを届けた。これに感激したサミュエル・ギアリー中将は募金活動をして応援。この活動は第1次世界大戦以来の救世軍のボランティア活動と結びつき、以降、6月第1金曜日は「ドーナツの日」とされ、募金活動やドーナツなどの無料配布などが行われている。

リング状のドーナツの誕生は、一八四七年に船長ハンソン・クロケット・グレゴリーが、真ん中が生焼けにならないよう、また、操舵の際に舵輪に引っ掛けておけるよう、穴を開けることを思いついたのがきっかけというのが、一九四一年にニューヨークで起きた論争時にドーナツ審議会が認めた見解だが、ほかにも諸説ある。

第一次世界大戦中の一九一七年以降、救世軍の女性ボランティアがフランスで戦っていたアメリカ軍将兵にドーナツとコーヒーを手渡すという支援がきっかけで、国民的スイーツとしての地位を確立。将兵の士気を大いに高めたこの行為は、第二次世界大戦時には赤十字により行われた。

ドーナツは、軍のレーションメニューにも登場しており、間食と朝食のメニューに採用されている。救世軍のドーナツはジンジャードーナツだったと伝えられるが、第二次大戦中の軍のレシピは、香辛料にナツメグやメース（ナツメグの外皮）を入れるのが基本で、それをベースにシナモンやレーズン入り、ナッツ入り、レモン風味など、味も形も、またトッピングにもさまざまなパターンがあった。

ちなみに、右ページの写真は左から、ジェリードーナツ、プレーン（レモン風味）、ココナッツ、シナモンシュガー。

Table 19

## サンテックスが好んだ地中海の逸品

# ソブラサーダ

**Sobrassada**

「サンテグジュペリが格別に好んだ酒の肴は、カビリア人のバーテンが出すオードブルだった。それが、サンテックスのカナッペ（オープンサンド）だ！」（ジャック・プラデル／リュック・ヴァンレル著『海に消えた星の王子様』より）

『戦う操縦士』や『星の王子様』の著者アントワーヌ・ド・サン＝テグジュペリは、作家としてのみならずパイロットとしても広くその名を知られた人物だ。一九二一年にフランス軍に入隊しパイロットとなって以降、民間航空会社などに席をおくが、一九四三年六月、以前所属していた偵察部隊、自由フランス空軍II-33中隊に復帰しチュニジアへと赴く。しかし超有名人であることと、四十を超える年齢を理由に、自由フランス空軍を統括するアメリカ陸軍航空軍司令部から、本人の意に反して予備役とされてしまった。

そんな彼が再び「戦う操縦士」となるべく、軍パイロットへの復帰を訴えながら過ごしたフランス領アルジェリアのアルジェの酒場で、格別に好んだ酒の肴が「サンテックス（サン＝テグジュペリの愛称）のカナッペ」だったという。「メノルカ島マオンのソブラサーダとチュニジア北東部のボン岬のアリッサを練り込み、アニゼットの香りで脂身をとじこめ、冷蔵庫で一晩寝

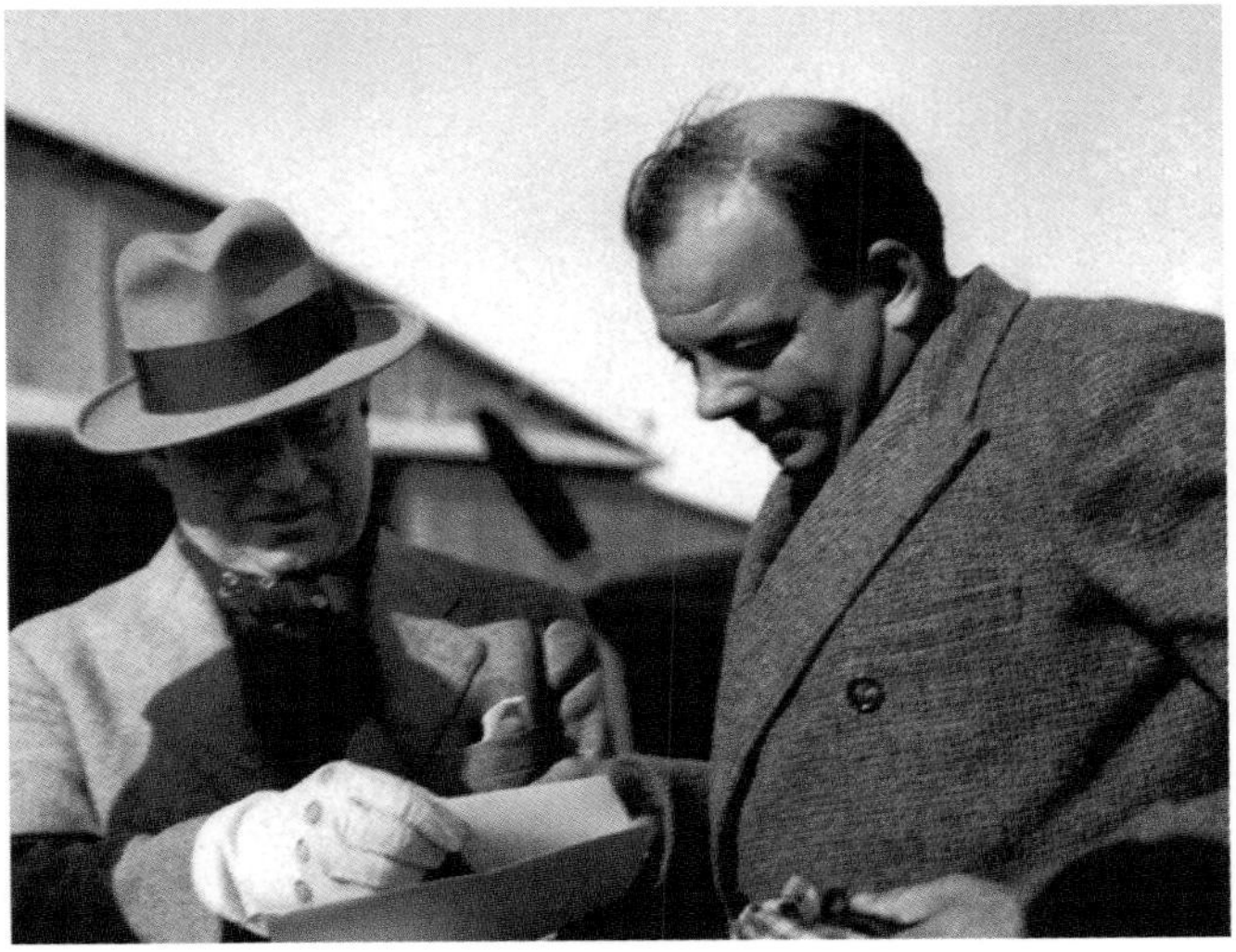

フランス領チュニジア統監マルセル・ペイルートン（左）と語り合うサン=テグジュペリ（右）。1935年、チュニジアの首都チュニスにて。サンテックスの愛称で知られたサン=テグジュペリの著作は『星の王子様』があまりに有名だが、デビュー作は『南方郵便機』で、『夜間飛行』、『戦う操縦士』、『アラスへの飛行』といった「空もの」の作品を多数執筆している。なおマルセル・ペイルートンは、のちにフランス領アルジェリア総督に就任した。

かし、それをカリカリの薄いトーストに万遍なく塗ってパクリ……」。

メノルカ島は、スペイン・イベリア半島の東方の地中海に浮かぶ、バレアレス諸島の一島だ。同諸島は、スペイン本土のカタルーニャ地方とともにカタルーニャ文化園に属し、気候や風土などに即した島それぞれの食文化を育んできた。

特に豚の飼育が盛んなマジョルカ島やメノルカ島では、加工品の「ソブラサーダ」が「地中海のソーセージ」と称され、名物となった。ソブラサーダは、いわば豚肉の腸詰。豚赤身肉、豚ばら肉などに塩、胡椒、パプリカ、ニンニク、その他のスパイスを加えて練り、豚腸に詰めて数週間吊るし、乾燥させて熟成を図る。できあがりはペースト状で、生のままパンに添えて食すことが多い。

ソブラサーダは、やがて近隣諸地域に伝播するが、フランス領アルジェリアでは「ソーブレサーダ」と呼ばれ、フランス人などヨーロッパ系植民者「ピエ・ノワール」にも親しまれたという。

一九四四年五月、サン=テグジュペリは、連合軍最高司令官であるアイゼンハワーの承認署名を得て飛行任務へと復帰。しかし七月三十一日が最後の飛行となった。

**豆知識**

ソブラサーダの原型は14世紀頃からあるが、辛いパプリカを加えるのは、コロンブスが唐辛子をスペインに持ち込んで以降。また、アリッサとは、チュニジアなど北アフリカの香辛料で、唐辛子、ニンニク、コリアンダー、クミン、オリーブオイルなどを練ったもの。アニゼットは主にアニスで香味をつけたリキュールのこと。

r e c i p e

## ソブラサーダ

ソブラサーダは、通販などで購入可能。
常温でやわらかくなるので、皮を剥いてそのままフランスパンやクラッカーに塗って食べるのがおすすめ。好みで軽くトーストすると、脂が溶けてきて、味わいが変わる。

Table 20

## 第77戦闘航空団“ヘルツ・アス”シチリア島撤退前夜の晩餐

# マグロ、イワシのオイル漬け

**Tonno e sardina**

ことの始まりは、黒くて強いマルサラワインだった。「『一杯いかがですか』とすすめられたシュタインホフ少佐は、瓶に口をつけて飲んだ。そんなちょっとした仕草が皆の緊張をほぐした。『夕食のための食前酒だ』……『今夜はこのホテル最終の晩餐になるような気がする』……『この日のお祝いの晩餐会をここで開くというのはどうかな？』」（ヨハネス・シュタインホフ著『シシリー島空戦記—航空団司令の日誌—』より）

一九四三年五月に北アフリカを撤退した後、シチリア島防衛に任じていたドイツ空軍第77戦闘航空団〝ヘルツ・アス（ハートのエースの意）〟。シュタインホフ司令以下の士官たちは、シチリア島からの撤退命令を待ちつつ、七月十二日、彼らの「特別なホテル」、即ち指揮所の食堂で晩餐会を催した。

シュタインホフの数年来の従者で士官付き料理人でもあるリーバー上等兵が用意した料理は、スクランブルエッグと缶詰肉だ。その缶詰には同盟を結んでいるイタリア軍の軍用を示す略号ＡＭ（Administrazione Militare）が打刻されており、それがAlter Mann（老人の意）に通じることから、ドイツ兵が「老人」と呼んでいる馴染みのもの。

ヨハネス“マッキー”シュタインホフは178機撃墜のドイツ空軍戦闘機エースのひとり。1943年4月～1944年12月まで第77戦闘航空団の司令を務めた。その後、戦闘機隊総監ガーランドを不当に扱ったとしてゲーリング空軍総司令官への集団抗議、いわゆる「航空団司令の叛乱」に参加したため一時失職した。だがガーランドがエースを集めて編成したジェット戦闘機Me262シュヴァルベを集中運用する第44戦闘団にスカウトされ活躍。しかし事故で大火傷を負い、そのときの傷跡は生涯残った。戦後は西ドイツ空軍の創設に深く関与し入隊。NATO諸国軍事代表議長も務めている。

**豆知識**

マルサラワインは、1773年、イギリス人貿易商ジョン・ウッドハウス氏が、悪天候下で避難したシチリア西端の港町マルサラで飲んだ地ワインに、長期保存のためアルコールを添加したのが始まり。のちにヴィンチェンツォ・フローリオ氏によって世界に広まる。スペインのシェリー、ポルトガルのポート、マデイラとともに4大酒精強化ワインのひとつ。通常のワインのアルコール度数が10～14度なの対し、マルサラワインは15～20度ある。

r e c i p e

## マグロのオイル漬け

●材料
マグロ（赤身） 1サク
塩 小さじ1
にんにく 2かけ
粒胡椒 10～20粒
オリーブ油 200ml

●作り方
①マグロの表面に塩をして30分ほど置く。表面に水分が出てきたらキッチンペーパーで拭きとる。
②①のマグロと、スライスしたにんにく、粒胡椒を小さめの鍋に入れ、その上にオリーブオイルを、マグロ全体が隠れるくらいまで、注ぎ入れる。
③②を弱火で20～30分ほど煮る。
④③が冷めたらオイルごと瓶やタッパーに入れて冷蔵庫で保管する。
⑤食べる際は、ケッパーやディルなどのハーブを添える。

また、マグロやイワシ、アンチョビ、レバーソーセージ、缶詰ハム、イタリアンソーセージ、トマトなども用意された。シュタインホフの日誌には詳細な料理名までは記されていない。が、マグロやイワシもシチリア島の名産物だ。航空団の指揮所があったトラーパニの西方沖に浮かぶファビニャーナ島周辺では紀元前からマグロ漁が行われてきたといわれ、トラーパニもまたマグロ漁の拠点。マグロのグリルやソテーは郷土料理で、マグロの缶詰（オイル漬け）が初めて作られたのもこの地域である。また、さまざまなイワシ料理も知られている。

だが、この日の料理は手が込んでいないのが特徴だったという。リーバーが注文を受けてから約一時間後に始まった晩餐会では、オイル漬けのマグロやイワシが盛られたと想像できる。もちろん、酒はたっぷりとあった。

晩餐の席には、シュタインホフ以下副官のバッハマン中尉や軍医など将校八名に、捕虜のカナダ人大尉とイギリス軍軍曹の二名も加わった。連日の出撃で疲労困憊の士官たちの口数は少ないが、撤退命令が時期を失せずに出されることを望みつつ、宴席を楽しんだ。なお、待望の撤退命令の受領は、翌十三日のことだった。

Table 21

## ファレーズの戦場で特殊戦車に乗る
## ウィルソン大尉が食した野戦即興食

# ウサギのホワイトソース

**Rabbit in white sauce**

一九四四年八月、ノルマンディー戦の勝敗を決したファレーズ包囲戦に加わったイギリス王立戦車軍団第１４１連隊〝ザ・バフス〟のアンドリュー・ウィルソン大尉は、路傍に愛車のチャーチル・クロコダイル火炎放射戦車を停めて次の命令を待っていた。そばでは副操縦手が携行式燃料ストーブで昼食作りに余念がない。ウィルソンは尋ねた。「今日は何だい？」。副操縦手はニヤリと謎めいた笑みを浮かべて「少々お待ちを……」と一言。やがて彼はポケットから取り出した消毒綿でメス・キットを拭き、濃厚なホワイトソースをかけた小さな肉の塊をよそった。「いかがです？」。スプーンですくって口に入れたその肉はとても旨かった。それはドイツ製の缶詰のウサギ肉だった。——『FLAME THROWER』(Andrew Wilson, 1956)からの一節である。本書は、著者ウィルソンが一九四三年から一九四五年にかけて戦場で経験したことを、第三者的視点でまとめた戦記だ。

　ファレーズ包囲戦では、戦場となった村々は破壊され、随所にドイツ軍の将兵と軍馬や家畜の死体が多数野晒しにされた。ウィルソンらは火炎放射によりその始末に携わったが、同時にイギリス軍将兵は戦場からさまざまなものを持ち去ったと記している。件のウサギ肉の缶詰もそのひとつだ。

ドイツ兵の恐怖の的、チャーチル・クロコダイル。第2次大戦中最も成功した火炎放射戦車として知られ、ファレーズの戦いでは残敵掃討のみならず、遺体も含む残骸の焼却にも利用された。火炎燃料は牽引している装甲タンク車に充填されており、タンクが空になると装甲タンク車を切り離して通常の戦車型チャーチルとして活動できたが、車体銃だけは火炎放射器のままだった。

**豆知識**

繁殖サイクルが短いウサギは、とくに戦時下においては各国で一般市民による飼育が奨励されてきた。かくいう日本でもウサギは古代から少なからず食されてきたが、日清・日露戦争以降、第1次、第2次世界大戦時には肉を食用として大和煮などの缶詰に、毛皮は防寒に利用するなど「軍需物資」としての養殖に力が入れられた。

r e c i p e

## ウサギのホワイトソース

●材料

ウサギ肉　600g
タマネギ　2個
バター　15g
小麦粉　大さじ2
牛乳　200ml
コンソメ　約10g
塩　適量
胡椒　適量

●作り方

①ウサギ肉は大きめの一口サイズにカットし、軽く塩を振る。
②タマネギはみじん切りにカットする。
③フライパンにバターを溶かし、ウサギ肉とタマネギを入れて炒める。
④肉の色が変わったら、小麦粉を入れて全体に行き渡らせる。
⑤④に牛乳を少しずつダマにならないように加える。
⑥コンソメ、塩、胡椒を加えて味を調える。

ヨーロッパ各地では古くから、狩猟で獲った野ウサギや養殖のウサギが、シチューやソテー、ローストといった料理として食卓に上がっている。イギリスでもよく食べられ、かの有名な児童書『ピーターラビット』に描かれている父親ウサギが農場主のマクレガー夫人の手にかかって調理されてしまった「ウサギのパイ包み」などは、まさにイギリスの伝統料理のひとつ。

イギリスでは野ウサギが古くから狩猟の対象とされてきたが、中世期にはウサギが荘園領主の貴重な財産のひとつに数えられるようになり、ビクトリア・エドワード朝時代（十九世紀前半から二十世紀初頭）には家禽化され、商取引が盛んに行われた。また、第二次世界大戦期に行われた食肉の配給統制では、ウサギはその対象から除外されており、結果、市民にとって貴重な食肉として飼育が奨励されたという。

さて、ウィルソンらが食した缶詰のウサギ肉について詳細は記されていないが、彼らにとって馴染みの深いそれはさぞ旨かったことだろう。だが、この話にはオチがある。直後、ウィルソンだけがなぜか赤痢に罹患したのだ。しかしこれは調理した副操縦手のせいではない。放置された人畜の腐臭漂うファレーズの戦場の衛生度では、ありうる出来事だったといえるだろう。

Table 22

1944 年、スカパ・フローで出された

# イギリス戦艦『ロドニー』のクリスマスディナー

**The Christmas Day dinner for HMS Rodney 's ship's company**

一九四四年十二月のクリスマス週間。スカパ・フローに停泊中のイギリス戦艦『ロドニー』では、イギリス海兵隊が主催する艦のショー等が行われ、あわせてクリスマスを祝うために調理された特別な食事も用意済みだった。

朝食はロールパンにエッグ&ベーコンなどだったが、ディナーはクリーム・オブ・トマトスープ、ローストターキー&スタッフィン（詰め物）、ローストポーク&アップルソース、ローストポテト、グリーンピース、クリスマスプディング……。まさに典型的なイギリスのクリスマスメニューである。

欧米ではクリスマスにターキー（七面鳥）がメイン料理に用意されることが多いが、他の肉類が登場するのも珍しいことではない。なかでもイギリスは古くから肉料理が盛んで、すでに十六世紀には「ステーキとローストビーフの国」として知られ、牛肉だけでなく羊肉や豚肉、鳥類を中心とする野生の小動物（ウサギ等）なども多く食されてきた。『ロビンソン・クルーソー』（一七一九年出版）の著者、ダニエル・デフォーは、その出版以前から政治活動や政府のスパイ活動をしていたことで知られるが、イギリス国内の視察旅行ののち、平均的な生活をしている（おもに中・上流の）

人びとは、年間一人当たり牛一頭、羊六頭、仔牛二頭、豚一頭の肉を消費していると報告したという。

さて、ローストポークは、ロースやモモなどの塊肉に塩・胡椒をしてオーブンでじっくり焼くのが基本だが、ハーブを使うことも多い。そして焼き上がったローストポークに欠かせないのが、酸味とわずかに甘みのきいたアップルソースだ。ローストに限らず、豚肉とリンゴの組み合わせは定番中の定番である。

メニューには、イギリスの伝統的なクリスマススイーツであるクリスマスプディングも用意された。スエット（牛脂）、パン粉、小麦粉、卵、砂糖、ブランデーやラム酒、ドライフルーツ、香辛料などを混ぜ合わせて蒸しあげたもので、十六世紀以降、イギリスのクリスマスには必ず登場する菓子である。伝統的に十三種類の材料——キリストと十二人の弟子を意味する——が使われるそうで、見た目は黒く地味だが、ねっとりとした甘さに各家のこだわりと願いが込められた伝統菓子なのだ。

本来なら家族とともに家で過ごすクリスマス。だが、イギリス海軍の拠点スカパ・フローでそれを迎えた乗組員たちには、感謝に満ちた格別の時間であったに違いない。

### 豆知識

イギリスのクリスマスメニューに欠かせない菓子の一つに「ミンスパイ」がある。本来はミンス（みじん切り）にした肉を詰めたパイだったが、現在はドライフルーツから作った「ミンスミート」を詰めたパイに変化している。『ロドニー』のクリスマスメニューでも、夜食（サパー）で用意された。

戦艦『ロドニー』乗組員に配布された1944年のクリスマス・スペシャルメニューのカード。恰幅の良い水夫のイラストの体に、朝食、昼食、夕食の料理名が上から順番に記されている。キリスト教国の軍では、軍艦に限らず全ての軍種でクリスマスの特別メニューが提供されるのが普通だった。特に肉料理が好まれ、さまざまな七面鳥料理が定番だったが、状況によって牛肉や豚肉、ラム肉なども供された。細かい盛り付けの手間を省くため、大きな肉塊を大型オーブンで焼き上げ、それを適宜カットして供されることが多かった。

＜右ページの料理写真＞
左上はクリスマスプディング。皿の上のローストポーク（手前）の付け合わせは左から、たっぷりのラードをかけて焼き上げたローストポテト、グリーンピース、アップルソース。

r e c i p e

## ローストポークとアップルソース

●材料

＜ローストポーク＞
豚肩ロース肉　700g
ローズマリー　1枝
タイム　3枝
ニンニク　1かけ
オリーブ油　大さじ2
塩　小さじ1

＜アップルソース＞
リンゴ　1個
砂糖　大さじ1
レモン汁　1/2個
白ワイン　50ml
はちみつ　大さじ2
塩　小さじ1/4

●作り方

ローストポーク
①豚肉は常温に戻した上でフォークなどで穴を開けておく。
②オーブンは200度に予熱しておく。
③ビニール袋に、豚肉、ローズマリー、タイム、つぶしたニンニク、オリーブオイル、塩を入れてよく揉み込み、30分以上おく。
④フライパンを中火に熱して、③の豚肉を、表面に焼き色がつくまで焼く。
⑤④の豚肉をオーブン（200度）で20～25分焼く。
⑥オーブンから肉を取り出し、アルミホイルに包んで30分ほどおく。
⑦アルミホイルから肉を取り出し、厚めに切り出して盛り付ける。

アップルソース
①リンゴはヘタを取り、皮付きのまま2cm角に切る。
②小さめの鍋にアップルソースの材料をすべてて入れ、沸騰したら弱火にして15分ほど煮詰める。

Table 23

## 自由フランス軍の２人が食した秘密のクリスマスディナー

# フムス

**Hummus**

「ピラミッドの陰にひっそりとたたずむ小さな町をぶらつき、ラムのひき肉とソラマメを使った一皿にサラダ、パン、ホムスといった、単純でおいしい料理を出すレストランを見つけ、すべてをビールで胃に流し込んだ」（スーザン・トラヴァース著『外人部隊の女』より）。

のちにフランス外人部隊初の女性隊員となったスーザン・トラヴァースは一九四一年十二月、自由フランス軍のマリー＝ピエール・ケーニグ将軍とともにエジプトのギザを訪れていた。自由フランス軍の曹長として上級士官付き運転手を務めていた彼女にとって、ケーニグ将軍は上司であり、また私的にもかけがえのない人物だった。

当時、自由フランス軍はエジプトでの戦いのために、シリアのアレッポからカイロへと移動。二人は、軍が西部砂漠地帯へと進出する直前のクリスマスをカイロで過ごし、戦時下ゆえに観光客のいないギザで散策を楽しんだ。

ギザのレストランで食したのは、中東アラブ社会で用意される代表的な料理のひとつだ。「ラムのひき肉とソラマメを使った一皿」がどういったものか詳細は述べられていないが、羊肉は中東料理の主菜とされることが多く、シリアでカバーブといえば、もっぱら羊肉のひき肉にタマネギのみ

自由フランス第1歩兵師団長マリー＝ピエール・ケーニグ准将。1942年5月、リビアのビル・ハケイムを巡る戦闘では、同師団を率いて見事な戦いぶりをみせた。

ビル・ハケイムで枢軸軍に攻撃をしかける自由フランス軍所属の外人部隊。いかにもフランス軍らしい軍装を着用しているが、戦争が長引くにしたがって自由フランス軍の軍装や装備は、アメリカやイギリスのものが多くなっていった。

r e c i p e

## フムス

●材料
ヒヨコマメ　1/2カップ
ヨーグルト　大さじ1
オリーブ油　大さじ2
ニンニク　1片
クミン　小さじ1
唐辛子粉末　適量
コリアンダー　適量
塩　小さじ1
ゴマ　大さじ1
水　大さじ2

●作り方
①ヒヨコマメは水につけて一晩置く。
②ニンニクはおろしておく。
③鍋に①のヒヨコマメを入れてやわらかくなるまで煮る(40～50分程度)。
④③のやわらかくなったヒヨコマメをボウルに移し、おろしたニンニク、ヨーグルト、クミン、ゴマ、塩、オリーブ油、水を加えて、フードプロセッサーでペースト状にする。
⑤皿に盛り付け、オリーブ油をふりかけ、好みで唐辛子やコリアンダーのみじん切り等を添える。
⑥ホブスやピタなど、アラブ系の薄焼きのパンにつけて食べる。

じん切り、香辛料各種を混ぜて叩くことを繰り返し、鉄串に付けて焼いたものをいう。そして、前菜（メッゼ）の代表格がフムス（ホムス、ホンモス、フンムス、ハンムス、ハモスともいう）、すなわちヒヨコマメのペースト料理だ。乾燥したヒヨコマメを一晩水につけて戻し、じっくり柔らかく煮たのちペースト状にし、塩、すりおろしたニンニク、白ゴマペーストのソース、レモン汁を加えて味を調え、たっぷりのオリーブオイル、トウガラシの粉末などスパイスやコリアンダーのようなハーブのみじん切りを混ぜたり、飾りに散らしたりする。これをホブス（小麦粉、塩、水を捏ねて焼いた薄いパン）ですくって口に運ぶ。名称は地域によって異なるが、大同小異の料理が中東一帯で広く食されている。

　イギリス人のスーザン・トラヴァースは、母国の乏しい配給糧食を食べ尽くしているだろう両親を思いつつ、『これまで経験したことのないほどすばらしいクリスマスのディナーだった』と述べている。

**豆知識**

ヒヨコマメはトルコ南東部が起源とされる。トルコ南東部からシリア、レバノン、パレスティナ、イスラエル、ヨルダンなどを含む一帯は「肥沃な三日月地帯」として知られ、この地域で小麦や大麦のほかヒヨコマメやレンズマメなども作り始められたという。古代エジプトで栽培が盛んで、別名「エジプト豆」ともいう。

Table 24

## 戦艦『ポチョムキン』の乗組員が楽しみにしたスープ

# ボルシチ

**борщ**

折しもロシア国内に革命の気運が高まっていた一九〇五年、かの「戦艦ポチョムキンの叛乱」が起きた。六月二十七日（当時のユリウス暦では十四日）朝、甲板に吊鉤で吊り下げられていた牛の胴体に、蛆虫がたかっているのを朝直の水兵が発見する。前日にオデッサで購入した兵員用食糧の一部だ。ロシア軍艦の朝食は黒パンと紅茶が基本の質素なもの。一方、一日でいちばんのご馳走となるのが昼食で、そのスープ「ボルシチ」に入れられるはずの牛肉である。だが、軍医の「酢と塩水で洗浄すれば大丈夫だ。上肉だ」という指示に基づいて調理された……。これに端を発した叛乱については、イギリスの海軍史家リチャード・ハフ著の『戦艦ポチョムキンの叛乱』に詳しい。また、映画史に残る名作『戦艦ポチョムキン』も、プロパガンダ映画ではあるが叛乱の一端を描いている。

さて、ロシア料理の代表として知られる「ボルシチ」は、元はウクライナの郷土料理だといわれる。ウクライナは帝政時代にはロシア領だった歴史的背景からも、同地の料理がロシア全土に広がったのだろう。

ウクライナ料理の基本は、キエフ大公国の時代を中心とする中世に遡るといわれる。ボルシチの起源および語源には諸説あるが、野菜と香辛料の煮込み（スープ）に

第1次世界大戦中に撮影された『ポチョムキン』。正式な艦名は『クニャージ・ポチョムキン・タヴリーチェスキー』という。叛乱後の1905年9月30日に『パンテレイモン』に改名されたが、1917年3月31日に叛乱を記念して艦名が『ポチョムキン・タヴリーチェスキー』に戻されたものの、爵位を表す『クニャージ』は外された。

映画『戦艦ポチョムキン』のポスターの一例。左側には翻る赤旗、右側には海に放り出される士官。いかにも革命を象徴した構図である。陸軍の兵営生活に比べて、士官と下士官兵が同じ艦内に起居する軍艦の生活は、両者の待遇の違いが如実化して比較もしやすい。そういった日常生活での鬱憤が下士官兵を蜂起させる事態を招いた。

r e c i p e

## ウクライナ風ボルシチ

●材料（約10人分）
牛肉（胸肉もしくはすね肉の塊）550g
ブーケガルニ（セロリの葉2茎くらい、パセリ5～6枝、ローリエ2～3枚）
ビーフ・ストック（牛肉をゆでたもの）　10カップ

トマト　中4～5個
タマネギ　大1個
ニンニク　3かけ
ビーツ（すりおろしたもの）　約550g
セロリ（茎）　小1本
パセリ（茎）　1～2本
シロニンジン（パースニップ）　大1本
※なければ、セロリを増量する。もしくはカブかニンジンを使う。
ジャガイモ　550g
キャベツ　550g

バター　大さじ6
砂糖　小さじ1
ワインビネガー　1カップ
塩　大さじ1.5

パセリ（みじん切り）　大さじ4
スメタナ（サワークリーム）　2カップ

●作り方
①牛肉に塩をまぶし、大きな厚手の鍋に水4～5リットル入れ、強火で沸騰させ、アクをとる。弱火にして、ブーケガルニを入れ、1時間～1時間半煮る。肉がやわらかくなったら取り出し、ひと口大に切っておく。
②煮汁はそのまま2～3時間弱火で煮て、ブーケガルニを取り出し、裏ごししてビーフ・ストックとする。
③トマトは皮をむいて、種を取り出し、粗く刻んでおく。タマネギは粗いみじん切りにする。ビーツ、セロリの茎、シロニンジンは粗めにすりおろす。ニンニク、パセリの茎をみじん切りにする。ジャガイモは皮をむいて2～3㎝の角切りにする。キャベツは芯を除いて粗いせん切りにする。
④厚手の鍋かフライパンにバターを溶かし、③のタマネギ、ニンニクを炒め、色づいたら、ビーツ、セロリの茎、シロニンジン、トマト、砂糖、ワインビネガー、塩、ビーフ・ストック2カップを加えて、強火で煮立たせた後、弱火で約40分、煮る。
⑤別の大きめの鍋に、残りのビーフ・ストック、ジャガイモ、キャベツを入れ、強火で煮立たせた後、弱火で約20分、ジャガイモが煮崩れない程度になるまで煮る。
⑥⑤の鍋に、残りのトマト、①の牛肉、③を入れ、弱火で約15分、アクをとりながら煮込む。味をみて、塩、胡椒で味を調える。
⑦スープ皿に取り分け、パセリのみじん切りをふり、スメタナ（サワークリーム）を添える。

ビーツを加えるようになってから、ボルシチと呼ばれるようになったらしい。ビーツのかすかな甘さと鮮やかな赤紫色のスープこそ、ボルシチがボルシチたるゆえんだ。ビーツは地中海東岸から西アジア地域原産のいわば南方系の野菜で、十四世紀以降、広く普及しはじめたという。そして十六世紀以降に新大陸からの野菜が加わると、ボルシチも多様性を見せるようになった。

　ボルシチに使われる食材は、肉類は豚肉、牛肉、鶏肉、羊肉、野菜はキャベツ、ジャガイモ、インゲンマメ、トマト、カブ、リンゴ、トウモロコシなどとさまざまだ。作り方も地方や家庭ごとにバリエーションは多彩だが、基本は、肉を数時間煮込んだブイヨンに、ビーツや野菜、香草を順次加え、塩、胡椒で味を調えるというもの。食事は単調な艦内生活の数少ない楽しみだ。それをおろそかにされれば、水兵たちが怒るのも当然といえる。

### 豆知識

ボルシチは、マトンやラムを使うキエフ風、鶏やガチョウ、カモなどを使うポルタワ風、牛肉、ハム、ソーセージを入れるモスクワ風、ビーツを使わないグリーン・ボルシチなど種類が多い。「ロシア海軍ボルシチ」は材料を四角に切るのが特徴的とされる。また、ポーランドなど近隣諸国でもビーツを使った類似のスープが古くからある。

# Table 25
# イギリス海軍将兵に親しまれた
# コンビーフ・サンドウィッチ
## Corned beef sandwich

「われわれはコンビーフ・サンドウィッチで生きているのですから。何週間もですよ……」。冒険小説の巨匠アステリア・マクリーンの名著『女王陛下のユリシーズ号』の一節である。独ソ開戦にともない、連合国海軍はソ連を援助する兵器や物資を不凍港ムルマンスクへ送り届ける援ソ輸送船団を編成。巡洋艦『ユリシーズ』はその護衛の一隻だった。大戦中に海軍軍人として同じ巡洋艦にも乗った著者の手になる本作は、極北の海で戦ったイギリス巡洋艦上の日常を緻密に描いた傑作と評価されている。

　コンビーフ（corned beef）とは「塩漬け牛肉」の意で、単語は岩塩の粒（corn）で塩漬けすることに由来するという。牛肉の塩蔵は古くから世界各地で行われてきたが、特にイギリスでは、産業革命の頃にはアイルランド産の塩蔵牛肉が商業取引されている。

　一方、一八一〇年にイギリスで缶詰が発明され、一二年に世界初の缶詰工場が誕生。一三年から缶詰食品が同軍に納入されるようになった。缶詰技術の誕生以来、欧米では缶詰食品が発展し、当然ながら塩漬け牛肉の缶詰も登場した。

　コンビーフの一般的な製法は、塊もしくは角切りにした牛肉を一定期間塩蔵したのち、蒸煮か湯煮にして缶詰に加工する。そ

小説に登場する『ユリシーズ』と同じ軽巡洋艦『シラ』。撮影は1943年2月。極北の時化のあと、海が静まった隙をついてデッキの結氷を排除する作業は厳しい寒さに晒される。しかし上甲板の結氷が増えると艦の重心位置が高くなり、転覆の危険が生じるので除氷作業は不可欠であった。しかも北極海は常に海が荒れた状態でカップを使うのが精一杯。食器に食物を盛り付け、そこからナイフ、フォーク、スプーンなどを使って食事をするのはかなり難しい。ゆえに手掴みで食べられるサンドウィッチやマフィンが重宝された。

**豆知識**

日本ではコンビーフといえば缶詰製品のイメージがあるが、欧米ではブロック肉を塩漬けにした生のコンビーフも販売されており、イギリスでは"salt beef"（塩漬け牛肉）と呼ぶ。なお、コンビーフ・サンドウィッチはパンにマスタードを適量塗り、コンビーフをスライス、またはほぐして載せるといったシンプルなものだ。

r e c i p e

## コンビーフ・サンドイッチ

●材料
食パン　適量
コンビーフ（缶詰）　適量
バター　適量
マスタード　適量

●作り方
①缶詰を開けてコンビーフをボウルに取り出し、スプーンなどでほぐしておく。
②食パンの肩面にバターとマスタードを塗る。バターはパンに具材の汁分がしみこむのを防ぐので、全体にまんべんなく塗る。
③②の食パンにほぐしたコンビーフを載せ、別のバターを塗った食パンを載せて軽くプレスする。
※コンビーフの量は好みで調整する。
※コンビーフに塩、胡椒をし、細かく切ったキュウリのピクルス（スイート・タイプ）、レモンの搾り汁少々を混ぜ、パンにはさむのもよい。

うして作ったものをイギリスではブリービーフ（bully beef）と呼び、コンビーフとは厳密には区別するものの、両者は同義とみなされる。〝bully〟はフランス語のbouilli（茹でる）が転じたものだ。

そしてボーア戦争（一八九九〜一九〇二年）期にブリービーフ（塩漬け牛肉の缶詰）、いわばコンビーフの缶詰がイギリス軍の糧食として採り入れられ、以来、第二次世界大戦中も重宝される。ブリービーフは、しばしば硬いビスケット（乾パン）とともに支給され、その硬さに歯が欠ける者もいたという。

もっとも海軍では船内でパンを焼き、スライスしたブリービーフをはさんだサンドウィッチとされることが多かった。『ユリシーズ号』では、調理兵までもが戦闘配置に置かれ、製パン係と肉係のみがそれを免除されていたので、すばやく作れるコンビーフ・サンドウィッチのみが食べられたというわけだ。

同様の出来事は、護衛艦艇でのエピソードとして各種の実録にも描かれている。とくに厳寒の北大西洋や北極海で任務に従事した艦では、熱々の濃厚なココアとコンビーフ・サンドウィッチが、見張りに立つ骨の髄まで凍えた乗組員たちのご馳走だったという。

Table 26

## レッドバロン、若き日の酒宴を飾った

# 牡蠣

**Frische Austern**

一九一四年夏、のちに撃墜王レッド・バロンと呼ばれてその名を馳せることになるマンフレート・フォン・リヒトホーフェンは、ドイツ陸軍きっての名門部隊、第1槍騎兵連隊所属の少尉として、バルト海に面した国境駐屯地オストロボ（現・ポーランド）にいた。

「われわれはロシア国境から一〇キロほどのところにある分遣隊の連中と将校クラブに腰を落ち着け、カキを食べたり、シャンパンを飲んだり、ちょっとしたかけ事をして暮らしていた。一同たいそう陽気で、だれ一人として戦争のことなど考えていなかった」（デール・M・ティトラー著『レッド・バロン　撃墜王最期の日』より）。

貴族に生まれ、十一歳で士官候補生となり、人をリードするよう運命づけられて生きてきた二十二歳の若き軍人が、同じような立場の少壮士官たちとともに第一次世界大戦に備えていたころの話である。

カキはヨーロッパでは二千年以上も前から愛されてきた。古くは紀元前の古代ローマ軍兵士の食糧とされ、美食の代表でもあった。同軍は各地への遠征や駐留に際し、肉類のほか魚介も食料としたようで、駐在地の堡塁遺跡、とくにブリタニア（イギリス）のそれには貝塚が残り、カキが食されていた証左となっている。

マンフレート・フォン・リヒトホーフェン男爵。1911年、自ら望んで第一槍騎兵連隊に配属されたが、1915年に飛行隊への転属を希望。以降、エースパイロットして活躍したが1918年4月21日、戦闘行動中に機上で心臓に致命的な銃創を負い、不時着後に死亡した。戦死時の階級は騎兵大尉で享年25の若さだった。

リヒトホーフェンの愛機フォッカーDr.I 425/17。機体全体が真赤に塗装されていたため、彼はレッド・バロン（赤い男爵：英語圏）、レッド・ナイト（赤い騎士：英語圏）、ディアブレ・ルージュ（赤い悪魔：フランス語圏）などのあだ名で恐れられた。

**豆知識**

ヨーロッパ、特にフランスでカキといえばヨーロッパヒラガキが主流だったが、1970年代以降激減したため日本産のマガキを輸入して養殖し、現在はそれが主流となっている。また、東日本大震災の津波で宮城県のカキ養殖施設が壊滅状態に陥った際、フランスのカキ養殖業者が恩返しとして、その復旧を支援した。

r e c i p e

## 生牡蠣

●材料

殻付きカキ（生食用）　適量

※新鮮なカキであっても、「生食用」でなければ生で食べることはできないので、注意すること。

●作り方

①殻付きカキを流水でしっかり洗う。

②カキの殻が平らな方を上にして、蝶番を手前にして、オイスターナイフを貝殻の層の隙間に差し込み、貝柱をはがす。

※殻で手を傷つけやすいので軍手を着用のこと。

③蓋になっていた殻をはずす。

④下の殻に残った身もオイスターナイフで剥がす。

⑤殻の破片の取り除くため、必要に応じて軽く水でゆすぐ。

⑥好みで、レモン等をかける。

またガイウス・ユリウス・カエサルはじめ古代ローマの英雄たちは、精がつく食べ物としてカキを生食。ブリタニア（イギリス）産やガリア（フランス）産を好んだとか、第十一代皇帝ドミティアヌスはひと口で産地を当てたといった逸話が残るほど、古代ローマ時代にすでにカキは珍重されていた。そしてこの美食の逸品がヨーロッパの人々、とくに富裕貴族層に伝えられてきた。

　ヨーロッパのカキは、日本のマガキ（*Crassostrea gigas*）とは異なる種——和名ヨーロッパヒラガキ（*Ostrea edulis*）——である。北大西洋東岸から地中海にかけて分布し、殻は円盤状で平べったい。貝柱が大きく内臓が少ないためマガキのようなクリーミーさはなく、カキの滋味——場合によっては亜鉛由来の貝類の体液の味——が強いのが特徴だ。だがこれこそがヒラガキの旨さで、ワイン、シャンパンとの組み合わせの妙が古くから語られてきた理由でもある。

　カキにまつわる逸話は多い。鉄血宰相で美食家のオットー・フォン・ビスマルクが一時に一七五個食べたという話はつとに知られる。そしてビスマルクの次世代を担う若き貴族士官らの、辺境の酒宴のひと時を飾ったのもまたカキであった。

Table 27

## ガリポリで兵士が手にした“トルコの喜び”

# ロクム

**Lokum**

第一次世界大戦のガリポリの戦いでは、連合軍の後方支援の大半はエーゲ海に浮かぶレムノス島のムドロス港を中心に行われた。だが、そこでは積荷の陸揚げなどで混乱が生じており、送り込まれたばかりの兵士もまた命令を待ちつつ、うろつくことがしばしばあったという。そんな状況を、レムノス島基地司令官ウィムズ提督が日記に記している。

「これらの兵の間にずるがしこいギリシャ人商人の姿が見られた。……彼らは強欲で口がうまく、タマネギからトルコ菓子、ビーチャムの丸薬に至るまで、ありとあらゆる種類の品物を売りつけて、両方の外国兵（フランス兵とイギリス兵）から、しこたま金をせしめた。」（アラン・ムーアヘッド著『ガリポリ』より）。

ここで記されているトルコ菓子とは、トルコの代表的な菓子「ロクム（Lokum）」のことだ。砂糖とスターチ（デンプン）、水を煮詰めて練り込み、冷めてから粉砂糖をまぶした柔らかな甘い菓子で、ミントやローズウォーターを練り込んで香りや色を付けたり、クルミ、ピスタチオ、アーモンドなど砕いたナッツを加えることも多い。

トルコ料理は世界三大料理のひとつに数えられるが、その食文化の原型を築いたのがオスマン帝国といわれる。同帝国は、そ

捕虜にしたトルコ兵を取り調べるイギリス軍士官。トルコとイギリスは共に王室を擁する国家で、トルコ軍将兵は勇敢で規律正しく、イギリス軍将兵もまた同様であった。こういった背景もあり、ガリポリ戦での両軍将兵は互いの勇気を認め合っており、それもあって休戦時には贈り物の交換などが行われた。トルコ兵はイギリス製の煙草や果物の缶詰を、片やイギリス兵はトルコ産の新鮮な果物や野菜を好んだという。

**豆知識**

ロクムは古くは小麦粉を主原料にし、蜂蜜を用いていたが、今日のようにコーンスターチを使うようになったのは、良質なスターチと砂糖が安定供給されるようになった19世紀になってから。イスタンブールでは1777年創業の「アリ・ムヒッディン・ハジ・ベキル」がオスマン帝国のスルタン・マフムト二世（在位1808～1839年）の愛顧を受けた老舗として知られる。

r e c i p e

## ロクム

●材料

グラニュー糖　300g
コーンスターチ　80g
レモン汁　少々
水　350ml
食用油　適量
粉砂糖　適量
ナッツ（好みで砕いたクルミ、ピスタチオ、カシューナッツなど）　100g
※ナッツは好みで。ナッツを入れなければ、シンプルなロクムができる。

●作り方

①バットにクッキングシートを敷き詰め、食用油を塗り、その上に茶こしなどを使ってコーンスターチ（分量外）を振りかける。
②鍋にグラニュー糖とレモン汁、水150mlを入れ、中火で4～5分ほど加熱し、煮詰まって薄く茶色に色づいたら火を弱火にする。
③ボウルなどでコーンスターチと水200mlをよく混ぜ、それを②の鍋に加えて、弱火で約10分練るようにしっかり混ぜる。ナッツ入りを作りたい時は、この段階でナッツを加える。
④熱いうちに①のバットに流し込み、表面を平らにして、室温で数時間から一晩冷ます。
⑤④が適度に固まったら、バットから取り出し、粉砂糖とコーンスターチ（分量外）を混ぜたものを全体に振りかけ、一口大に切り分けて断面にも振りかける。

の領土拡大・発展とともに、食材圏をも拡大させていった。件のロクムも、原型はペルシャのギャズという菓子だともいわれ、トルコでは十五世紀頃から知られ、次第に人気が出て広まったと伝わる。オスマン帝国には、イスラムの戒律により禁酒の掟があった。それに代わる楽しみが、甘いものに求められていたという背景も影響しているのだろう。

イギリスにロクムが紹介されたのは十八世紀から十九世紀。やがて同国で作られる甘いゼリー菓子の類は、どれもが「ターキッシュ・デライト（Turkish Delight=トルコの喜び）」と呼ばれるようになった。ちなみに、ターキッシュ・デライトの話は作家ディケンズの『エドウィン・ドルードの謎』（一八七〇年）にも登場する。

ガリポリの最前線では連合軍とトルコ軍が互いに塹壕を掘って対峙した。そして戦闘と休戦が繰り返され、膠着状態になると彼我の塹壕間でしばしば贈り物のやりとりが行われたという。「トルコ軍側がぶどうや菓子を投げると、連合軍側の兵はお返しに缶詰や煙草を投げ返した」。連合軍の塹壕に投げ込まれた菓子には、きっとロクムも含まれていただろう。生と死が同居する塹壕で食べた一口の甘い菓子は、まさに「トルコの喜び」だったに違いない。

Table 28

## 海軍航空輸送隊の機内で出された一皿

# ビーフシチュー

**Beef Stew**

左ページの写真は、アメリカ海軍航空輸送隊が運航する傷病兵緊急空輸便のダグラスR5D機内におけるワンカットだ。同便は、オークランドからカンザス州オレイサやメリーランド州パタクセントリバーの海軍航空基地等を経由。大陸を横断して巡回し、加療中や回復期の傷病兵を本人の故郷近くの医療施設へと搬送していた。その機内で、ウィリー・ブルー一等水兵は温かい機内食を提供された。メインはジャガイモやニンジンとともに煮込まれたビーフシチューと見てとれる。

第二次世界大戦中のアメリカ海軍の料理書は、強靭な肉体の形成と維持のために、バランスのとれた食事が提供されなければならないと説いており、軍の糧食中、最重要の食材のひとつに肉類を位置付けている。その食肉の代表が牛肉だ。

当時、世界の多くの国々が食糧不足に陥っていたが、アメリカ国内の食糧事情は、肉やバター、砂糖などが配給制になったとはいえ、比較的充実していた。食肉についていえば、一九四二年当時、アメリカ人男子一人あたりの年間摂取食肉量が平均五六キロなのに対し、アメリカ軍人は一六三キロ。しかも後者が食した肉の多くは牛肉だったという。

軍の料理書では、牛肉はローストなどの

**豆知識**

アメリカ海軍の料理書によると、ビーフシチューに用いる肉は骨なしが望ましいが、骨付きの場合は骨を取り除き、決して骨片を混入させてはいけないと説いている。食べやすい小さな肉片（3～6センチ角）にカットし、塩、胡椒、小麦粉を振って焼き色が付くまで焼き、ビーフストックを加えて2～3時間煮込んだ後、小さな角切りにしたトマト、タマネギ、セロリ、ジャガイモ、ニンジン等を加えてさらに煮込み、味を調えて仕上げる。

ブルックリン海軍病院への移動中、ダグラスR5D輸送機の機内で食事をとるウィリー・ブルー一等水兵。1945年頃の撮影。R5DはC-54スカイマスター輸送機の海軍バージョンで、民間型はDC-4と呼ばれた。第二次大戦中、アメリカは世界でも類を見ないほど輸送機を生産して空輸に活用している。また、同大戦参戦国の中でも食糧事情の良さは屈指で、各種食品が配給制になっていたとはいえ、それでも他国よりはるかに豊かだった。

r e c i p e

## ビーフシチュー

●材料（10人分）

（スープストック＝フォン用）

牛すじ肉　800g

ニンジン　1/2本

タマネギ　1/2個

ネギ　1/2本

セロリ　1/4本

白ワイン　250cc

水　20000cc

（シチュー用）

牛肉（骨なし）　1300g

塩　適量

胡椒　適量

小麦粉　45g

牛脂　適量

ビーフストック　1.5ℓ

タマネギ　300g

トマト（缶入りで可）　550g

ニンジン　300g

ジャガイモ　550g

●作り方

①牛肉は3～6㎝の角切りにする。タマネギは小さなクシ切り（4～6等分）、ジャガイモ、ニンジンは5cm程度に、セロリはさいの目に切る。トマトは皮を剥いてざく切りにしておく。

②カットした牛肉に塩、胡椒を振り、さらに小麦粉をまぶし、余分な粉を払う。

③厚い鍋に牛脂を入れ、②の牛肉を焼き色がつくまで焼く。

④③にビーフストックを加え、蓋をして、中火で肉がやわらかくなるまで2時間ほど煮込む。

⑤④にトマト、タマネギ、セロリ、ニンジン、ジャガイモを加えて1時間ほど煮込む。

⑥とろみをつけるために、溶いた小麦粉（分量外）を入れて、ゆっくり混ぜる。

⑦塩、胡椒で味を調える。

⑧盛り付ける際、茹でたグリーンピースを飾る。

焼き料理、シチューなどの煮込み料理をはじめ、肉料理の基本として五〇種以上のレシピが紹介されている。

そもそも、アメリカで牛肉が普及し始めたのは十九世紀の終わり。一八六五年の南北戦争終結後、カウボーイがテキサスから北部の最寄りの鉄道駅まで牛の大群を追って行く「キャトルドライブ」が、アメリカと牛の鮮烈なイメージとして描かれることも多い。これらの牛はカンザスシティやシカゴに運ばれ、牛肉産業の拠点となった後者で加工された牛肉が、東部の市場でも出回るようになった。そして一八八〇年代後半には、アメリカ人の多くがステーキなどの牛肉料理を食するようになった。同国では豚肉の消費も多かったが、一九〇〇年頃から第二次大戦中は、シカゴから出荷される牛肉と豚肉はほぼ同量だったという。ちなみに、戦後は牛肉が上回る。

第二次大戦には、一六〇〇万人以上のアメリカ人が従軍し、四〇万五〇〇〇人が戦死、六七万人以上が負傷して帰還、一四万人が捕虜となった。そして負傷兵の多くが、国内の医療施設で治療とリハビリを受けている。ウィリー・ブルーもその一人だ。ダグラスR５D機内でのビーフシチューは、故郷へと向かう道中で食べる格別美味な一皿ではなかったろうか。

Table 29

## 撤退するドイツ兵が味わったウィーン風クレープ

# パラチンケン

**Palatschinken**

一九四五年春、ドイツ・ブランデンブルクに幼い娘とともに暮らしていたエーディト・ハーン・ベアは、ソ連軍が防衛線を突破したとの報を受け、郊外の農村へ逃げた。そして小さな家に身を潜めていると、同じく逃げてきたドイツ軍兵士も隠れはじめた。エーディト・ハーン・ベアは回想する。

「『近所の農家に行って、小麦粉と卵と牛乳とジャムとパンをもらってくるのよ』とわたしはいった。……（中略）……兵士たちは一日じゅうその小さな家に食料を運びこみ、わたしは国防軍のためにおいしいウィーン風クレープを何百枚も焼き、老婦人とその娘がそれを配って回った」（エーディト・ハーン・ベア著『ナチ将校の妻』より）。

ウィーン風クレープ、すなわち「パラチンケン」は、薄く焼いたクレープ状のパンケーキのことで、オーストリアを代表する料理である。とはいえ、もともとはルーマニアのプラチンタ（plăcintă）、ハンガリーのパラチンタ（paracsinta）に由来するといわれる。かつてのオーストリア帝国は、ハンガリーをはじめチェコ、クロアチア、ルーマニアなど中欧・東欧の独自文化を有する多様な民族が住む土地を支配していた。そのため、料理にしても各地域の影響を受けており、それが「オーストリアは食文化のるつぼ」といわれるゆえんだ。ゆえに料理名も、いろいろな食文化を取り入れて発展した首都名を冠してウィーン風とされることが多い。

労働者の素朴な食べ物であったというハンガリーのパラチンタは、肉類やジャム等の包む材料によって、主菜にも甘味にもなる。同様に、オーストリアのパラチンケンもアプリコットジャムを主に包んで食べる一方で、昼食や夕食の主菜としても食された。さらに、オーストリア＝ハンガリー帝国の宮廷料理として洗練されていったのである。

さて、エーディト・ハーン・ベアは、じつはユダヤ系オーストリア人だ。ウィーンでレストランを営む家に生まれ、ウィーン大学で法学を専攻していた。だが、戦時中はアーリア人の友人の協力でユダヤ人であることを隠し、ブランデンブルクの病院などに勤務した。夫は正体を知っているドイツ人で士官。そのおかげで彼女は戦時中を生きのびた。

ドイツの敗戦を感じ取ったそのとき、彼女は、憔悴し逃げるドイツ兵のためにパラチンケンを焼いた。小麦粉に卵と牛乳を入れて薄く焼いたパンケーキに、おそらくは農村に普通にあるアプリコットジャムを塗って頬張る。ソ連軍から逃れようとする極限の状況下、思いもかけず提供されたその味はどんなものだったろうか。

**豆知識**

「パラチンタ」と「パラチンケン」はクレープ状とはいっても、フランスのクレープより少し厚いことが多い。クレープとの主たる違いは生地の寝かせ方といわれるが、そもそも、パラチンタ等は中世から食されており、フランスのクレープは蕎麦粉を使ったガレットから17世紀に生まれたもので、似てはいるものの起源が異なるといわれる。

炎上するベルリン市街を逃げ惑うドイツ市民。このような事態を避けるべく子連れのエーディト・ハーン・ベアはいち早く郊外へと逃れた。

r e c i p e

## パラチンケン

●材料
小麦粉　1 1/4カップ
卵　3個
牛乳　240cc
重曹　1/2カップ　※なくてもよい
塩　ひとつまみ
バニラ・エッセンス　小さじ1
砂糖　大さじ3
バター　約50g
アプリコット・ジャム　1カップ

<トッピング>
粉砂糖　適量
クルミもしくはヘーゼルナッツ（粉状態に挽いたもの）適量

●作り方
①ボウルに卵、牛乳をときほぐし、あれば重曹を加えて混ぜ、さらに小麦粉、グラニュー糖を入れて混ぜ、塩、バニラ・エッセンスを加えてなめらかになるまでよく混ぜる。
②フライパンにバターを小さじ１杯ぐらい入れて溶かす。
③バターが泡立ってきたら、①の生地をおたま１杯分くらい入れ、平らに広げる。
④片面に焼き色がつくまで２～３分焼き、裏返して同じように焼く。
⑤焼きあがったら、アプリコット・ジャムを塗って巻き、筒状にする。
⑥全部焼きあがるまで、温めたオーブンに入れるなど、保温しておく。
※そのまま食べてもよいが、挽いたクルミやヘーゼルナッツと粉砂糖を振りかけると、より美味しいデザートになる。

イギリス海軍の食を支えた缶詰ソーセージ

Table 30

# スノーカーズ

## Snorkers

イギリス海軍フラワー級コルヴェット艦「コンパス・ローズ」の副長、J・ベネット大尉（オーストラリア義勇海軍大尉）は、士官室で出る料理の中で、一番つまらない、缶詰のソーセージがすっかり好きになっていた。それは昼か晩の食事にたいがい毎日出て、その度に彼は言った。「ソーセージか、こいつはありがたい」。そして、たっぷりのウースターソースをかけて食べた――。

ニコラス・モンサラット著『非情の海』に描かれたワンシーンだ。作者は第二次世界大戦勃発と同時にイギリス海軍に入り、コルヴェットやフリゲートに乗り組んで実戦に参加した。その時の体験を基に一九五一年に本作を発表し、船団護衛の実像が描かれた名著として今日も高く評価されている。

さて、ベネット大尉が発した「ソーセージか……」は、原文では「Snorkers! Good-Oh!」。この文句、じつはイギリスでは、とくに軍関係者ではけっこう知られている。「snorkers（スノーカーズ）」はイギリス海軍の俗語でソーセージを意味しているのだ。ソーセージが潜水具のスノーケルに似ていることに由来するらしい。さらに第二次大戦中には、Palethorpe's社の缶詰ソーセージのニックネーム（商品名）、と

フラワー級コルヴェットは捕鯨船をベースに造られた小型の対潜艦ながら、Uボートとの戦いで活躍し、数々の武勇伝を残している。イギリスで140隻、カナダで123隻、フランスでも自由フランス海軍向けに6隻が建造された。戦後は民間に払い下げられた艦がほとんどで、中には出自である捕鯨船に改装された艦もある。

r e c i p e

## スノーカーズ

●材料
ソーセージ（缶詰）　適量

●作り方
①缶詰を開け、ソーセージを取り出す。
②ソーセージはそのまま、もしくは、好みに応じてフライパンで適度に焼く。
③茹でたジャガイモと缶詰のグリーンピースを温めて付け合わせる。

### 豆知識

缶詰は、イギリスでは第1次世界大戦中に軍隊食として用いられ、その後一般市民にも普及した。とはいえ、1920年代はじめのイギリス国内の缶詰メーカーはわずか3社。多くがアメリカからの輸入品で、イギリス製品はグリーンピースが主だったという。その後1930年代、イギリスでも80社以上に増え、ほとんどの野菜が缶詰に加工されるようになった。

しても使われた。

どの国の軍隊でも缶詰は重宝する。よく知られていることだが、イギリスは缶詰発祥の国である。缶詰の原理はフランスで考えられたが、ブリキ缶容器は一八一〇年にイギリスで発案された。その後一八一三年、試験的ではあったが、缶詰はイギリス陸・海軍に納められている。もっとも、缶詰が発展したのはむしろアメリカで、イギリスもアメリカ製を輸入していたのだが、第一次世界大戦中にイギリスの加工肉業者(Palethorpe's)が缶詰加工肉を同陸軍に納入。以来、イギリス軍では同社製品も使われるようになった。

「コンパス・ローズ」はどの航海でも、五日分のパンと生の牛肉や野菜のほか、あとはソーセージやシチューなどの缶詰を積んでいた。それに乾パンと紅茶が三度の食事ごとに出たという。日本では馴染みが薄いが、イギリスのソーセージも案外種類があり、それらに付け合わせるのは、日持ちするので海軍では重宝されたジャガイモが多かった。小艦コルヴェットの士官室で食事をする士官はわずか三〜四名。調理の簡単な茹でたジャガイモを添えた缶詰のソーセージは、〝つまらない〟料理でも、時には最高のご馳走となったはずだ。

Snorkers! Good-Oh!

# Table 31 イタリア山岳連隊がウクライナでユダヤ人に提供した ミネストローネ

**Minestrone**

一九四二年七月、イタリア陸軍第2アルピニ（山岳）師団〝トリデンティーナ〟第5山岳連隊ティラーノ大隊第46中隊を乗せた軍用列車は、イタリアのコッレーニョを発ち、ロシア戦線へと向かっていた。その途中の駅で将兵らは、SSの監視のもとで線路沿いをさまようユダヤ人たちの姿を目にする。だが、ヌート・レヴェッリ大尉らはその真相を知らずにいた。そして、ウクライナのストルプチェで、飢えていると見て取れるユダヤ人に温かい食べ物を、SSの目を盗んで提供した。ユダヤ人たちはそれぞれ杓子いっぱいの〝野菜スープ（ミネストローネ）〟を手持ちの缶詰の空き缶に受け取った。レヴェッリは若い女性から真相を聞く。「ほど近いところに絶滅収容所があって、毎日、三〇〇人のユダヤ人が殺されているという。私のうちで何かが粉々に砕けるのを感じた……」。イタリアの作家ヌート・レヴェッリは、『ふたつの戦争を生きて　ファシズムの戦争とパルチザンの戦争』でこう述べている。

いまやイタリア料理を代表するトマト味のスープとして広く知られるミネストローネは、普通、豆類やタマネギ、セロリ、キャベツ、ピーマン、ホウレンソウ、ニンジン、ジャガイモなどの野菜を中心に、しばしばパスタや米も入れて作られる。もっ

豆知識

温暖な気候環境のおかげで他のヨーロッパ地域より野菜が豊かだったイタリアでは、野菜を多用する料理が多い。だが中世においては、ミネストラ（ごった煮の野菜スープ）は貴族や富裕市民らから農民の野菜料理として見下されていた。しかし、そんな農民料理も、やがて貴族の料理に取り込まれ、洗練されて今日に至っている。

イタリア軍は、東部戦線へ1941年7月から43年2月までに、延べ13個師団を派兵した。同軍部隊の資質は玉石混交で、一握りのきわめて勇敢な部隊と、圧倒的多数の戦意の低い部隊が存在したのが実情である。このうえに、イタリア軍は戦車を多数保有するソ連軍に対抗するための強力な戦車と対戦車砲が著しく不足し、防寒軍装の質も劣悪なことが輪をかけて同軍将兵の厭戦気分を誘った。しかしユダヤ人問題については、イタリア人は当時のドイツ人のような徹底した差別意識を植え付けられてはいなかった。

r e c i p e

## ミネストローネ

●材料（約6人分）

シロインゲンマメ（乾燥）　150g
バター　50g
セロリ　1本
ニンジン　1本
ジャガイモ　2～3個
トマト　2個
ズッキーニ　1本
塩漬け豚肉　約70g
米　1カップ弱
ニンニク　1片
水
ローリエ　2枚
パセリ　2枝
塩
胡椒

●作り方

①シロインゲンマメ（乾燥）は、水で戻しておく。
②セロリ、ニンジン、ズッキーニはさいの目に、タマネギは粗いみじん切りに、トマトは角切りにしておく。塩漬け豚肉はさいの目に切っておく。
③さいの目に切った塩漬け豚肉をカリッとするまでするまで炒め、取り分けておく。
④③の鍋でみじん切りにしたニンニクを炒める。
⑤④カットした野菜を入れて炒め、火が通ったら、トマトも加える。
⑥⑤に水と水で戻した乾燥豆、米、ローリエ、パセリの茎を加えて1時間ほど煮込み、塩、胡椒で味を調える。
⑦ローリエ、パセリの茎は取り除く。
⑧パセリの葉のみじん切りをふりかけ、おろしたチーズを添えて提供する。

とも、イタリアにトマトやジャガイモが伝わったのは十六世紀中頃。それゆえ、ミネストローネは十七～十八世紀に一般化したといわれる。

だがその起源は、ローマ帝国時代、さらには古代ローマにまで遡る。古代ローマにおいては、スペルト小麦（小麦の原種）や穀類を粉にして塩味をつけて煮たスープ状の「プルス」が庶民の食べ物で、これにありあわせの野菜が加えられることがあったという。のちにパンが登場すると小麦粉を入れなくなり、野菜や豆類などをごった煮にした野菜スープ「ミネストラ」となった。ちなみにミネストラは野菜スープのみを指すのではなく、パスタや米料理の総称で、具がたっぷり入ったスープを「ミネストローネ」と呼ぶようになった。

そういった背景ゆえ、ミネストローネは農村などの田舎をルーツとし、その味は土地や家により異なり、トマトが入らないものもある。いうならば日本の味噌汁にも近い存在だ。肉汁や肉片が入ったものは、一九〇〇年代になっても、農民や一般市民にとってご馳走であったという。

ストルプチェで会ったユダヤ人たちは死ぬほど飢えていたと、ヌート・レヴェッリは記している。その時の温かいミネストローネの効果は、想像に難くない。

Table 32

## スターリングラードで独ソ兵が分け合った

# 馬肉のタルタルステーキ

**Steak tartare**

一九四二年冬、スターリングラード市街地で戦っていたドイツ陸軍のハンス・シュミートケ上等兵（愛称クネーゼル）は、近くでソ連軍の突撃班に襲撃され壊滅した砲兵中隊が輓馬部隊だという情報を聞いた。当時、彼は、肉は一週間に一度ぐらいしか口にしていなかった。それも薄いスープのなかに小さな塊が浮かぶものだ。「馬は畜肉だ」。そう考えたクネーゼルは、砲兵中隊が壊滅した現場に行くと、まだかろうじて生きていた馬を解体し、肉を雪中の穴に埋め、約三〇ポンドの馬肉を袋に詰め、ドイツ軍の負傷者収容所へと向かった。

その途中、ソ連軍伍長カリョーリンを助けてしまう。「空腹か?」。カリョーリンはポケットから古いパンの切れ端を二個取りだした。そこでクネーゼルは馬肉を出した。するとカリョーリンは、馬肉の切れ端をおりたたみナイフで薄い肉片に切り刻んだ。ついで木材の上に馬肉の切れ端をのせ、さらに細かく刻んだ。「これはすばらしい。削り肉からミンチをつくるのか」。クネーゼルは称賛した。二人はミンチにした肉をそれぞれ一ポンドぐらい食べた。

―『第6軍の心臓　1942～3年　スターリングラート地下野戦病院』で描かれたワンシーンだ。本書は、著者のH・G・コンザリクが第二次世界大戦時、東部戦線を転

▲東部戦線で死馬の肉を切り取ろうとする市民。1942年2月。さすがにスターリングラード戦では死んだ家畜に加えて犬や猫が食べられた程度だったというが、包囲下のレニングラードでは、死者の人肉食も行われたとも伝えられている。

スターリングラードで包囲されたドイツ兵の食料不足は、将兵たちの士気と体力に関わる問題であった。写真は1943年1月31日、ソ連軍に降伏した第6軍司令官パウルス元帥。この前日にヒトラーは彼を元帥に昇進させたが、その理由は、かつてドイツ軍の元帥で降伏した者は一人もいなかったことから、捕虜になるよりも自決せよという暗黙の要求だったといわれる。

**豆知識**

タルタルステーキは、生の牛肉もしくは馬肉を粗いみじん切りにして、塩、胡椒、タマネギ、ニンニクなどの調味料や薬味を混ぜて調理する。卵黄を添えることもある。国や地域、料理人によりいくつものバリエーションがあるが、世界的には牛肉を使用することが多い。ドイツ発祥のハンバーグはこのタルタルステーキを焼いたことが起源といわれる。

r e c i p e

## 馬肉のタルタルステーキ

●材料（2人分）
生食用馬肉　200ｇ
卵黄　2個分
ニンニク（みじん切り）　2片
タマネギ（みじん切り）　約30ｇ
パセリ（みじん切り）　大さじ2杯
ケッパー　10～15粒
塩　適量
黒パン　適量
バター　適量

●作り方
①生食用の馬肉をみじん切りにする。
②1人分を皿に盛り、中央にくぼみを作って、卵黄を1個のせる。
③塩、ケッパー、みじん切りにしたニンニク、タマネギ、パセリを別皿にのせて添えて提供する。
④②と③を各人好みで混ぜ合わせる。
⑥バターを塗った黒パンとともに食べる。

戦した時の経験に基づいた長編小説ながらスターリングラード攻防戦の様子を描いた秀作として知られる。

　さて、ミンチにした馬肉。それはまぎれもなく「タルタルステーキ」だ。これは、かつて中央アジアからユーラシアを領土としたタタール人の馬肉料理に由来するというのが一般的な説。モンゴル帝国の遊牧民は遠征に馬を多数伴い、乗用のほかに食糧としても利用したという。しかし乗用の馬の肉は硬いため、細かく切って袋に入れ、鞍の下において馬に乗り、柔らかくして食べたといわれる。これがヨーロッパ全域に伝播した。だが、多くの地域では、馬は使役動物であり、時にコンパニオンともなる動物であるがゆえ、食肉としては牛が多く使用された。そのため馬肉食は国、地域により限定的な食糧となったのである。

　ドイツでも、基本的に馬肉はあまり食べない。近代史においては、戦中・戦後の食糧難の頃に市民にも馬肉の配給が行われた程度だ。それゆえクネーゼルは、馬も畜肉だと納得し、さらにカリョーリンが馴れた手つきでつくった戦地でのタルタルステーキ（ミンチにしただけだが）に驚いたのだろう。

　なお、クネーゼルが穴に隠した馬肉は、その後スターリングラードに孤立したドイツ兵たちの食糧になった。

# Table 33 ムッソリーニ、最期の朝食 ポレンタとサラミ

**Polenta**

一九四五年四月二十八日、ベニート・ムッソリーニとその愛人のクラーラ・ペタッチ（愛称クラレッタ）が処刑された。二人はパルチザンに捕まったため公正な裁判にもかけられず、しかも愛人まで一緒に処刑されたので国際的な非難も生じて、戦後、彼の処刑に関する情報は錯綜したという。

そのあたりの状況は、イタリア近代史研究を専門とした木村裕主氏が著した『誰がムッソリーニを処刑したか――イタリア・パルティザン秘史』（一九九二年、講談社刊）に詳しい。本書によると、パルチザンに捕えられたムッソリーニとクラレッタは、イタリア北西部ロンバルディア州のコモ湖西岸、アッツァーノ村ジュリアーノ・ディ・メッツェグラのデ・マリアの家に預けられた。

それは二十八日の早朝五時頃のことで、十一時頃、朝食が与えられた。「朝食はポレンタ、サラミ、牛乳でした。『ほかになにかいりますか？』と聞くとドゥーチェ（統領の意＝ムッソリーニのこと）が『いや、ありがとう』と言って、自分でサラミを少し口に運ぶと、自分の牛乳やポレンタ、サラミをクラレッタにまわしました」と、同家の主婦リアが話してくれたと、現地を取材した著者は記している。

ムッソリーニとともに処刑されたクラーラ・ペタッチ。彼女はただの愛人にすぎず、たまさかムッソリーニと一緒のところを捕らえられ処刑されてしまった。

ムッソリーニは1943年に失脚し逮捕・監禁されるが、ドイツが救出。北イタリアに建てられたナチスの傀儡国家であるイタリア社会共和国の統領に就任し、連合軍と戦い続けた。写真は1945年初頭、ブレシアでアルピーニ（山岳部隊）の少年兵を激励する様子。

**豆知識**

トウモロコシは家畜の餌料としても利用されたため、ながらく下層民の食糧とみなされた。とはいえ、とくに17～18世紀のイタリアの厳しい食糧危機の時代を救ったのがトウモロコシだ。ポレンタは1時間前後煮込んで粥状にし、チーズやソースをかけて食べるほか、肉・魚料理の付け合わせとして提供される。冷まして固めたものを焼くこともある。北イタリアではブラマータ粉（粗挽きのポレンタ粉）、中部～南部イタリアではフィオレット粉（細かく挽いたポレンタ粉）が使われることが多いという。

r e c i p e

## ポレンタ

●材料
トウモロコシ粉（ポレンタ粉）　500g
水　2～2.5ℓ
塩　小さじ1～2
バター　50g

●作り方
①沸騰したお湯に塩を入れ、ポレンタ粉を振り入れ、ダマにならないようかき混ぜながら、弱火で加熱する。
②やがてもっちりとしてくるが、焦げ付かないよう弱火でかき混ぜる。粗挽きのポレンタ粉の場合、40分から1時間ほどで出来上がり。
※ポレンタ粉には粗挽きと細挽きがある。商品の説明に従って調理すること。

ポレンタとは、トウモロコシの粉に水やスープを加えて火にかけ練り上げた、北イタリア、とりわけロンバルディア地方の伝統的料理だ。

トウモロコシがヨーロッパで栽培されるようになったのは、一四九二年にコロンブスがアメリカ大陸を〝発見〟し、ヨーロッパに移植してから。生産性が高く十六世紀半ばには地中海沿岸一帯に広がり、イタリアではまずベネチア地方で栽培され、北イタリア全域へと広がっていった。そして農民の食事に、トウモロコシで作った「黄色ポレンタ」がとりいれられるようになったという。

ちなみに古代ローマではパンが登場する以前、ムギを粥状にして食べたと伝わるが、それがポレンタの元といわれている。実際、イタリアに限らず、ヨーロッパ各地でムギ、ソバ、粟、レンズマメ、ヒヨコマメなどさまざまな穀物を粥状に煮て食してきた歴史がある。

ロンバルディア地方は各種畜産品も生産される食が豊かな土地で、ムッソリーニとクラレッタが最後の時間を過ごした家は、三階建てのかなり大きな農家だったという。ここで用意された二人の最後の朝食は、農家の主婦リアがその時できる最大限のもてなしだったに違いない。

Table 34

## Uボート艦内で食された祖国の味

# ニシンの燻製

**Bückling**

一九八一年公開の戦争映画『Uボート』（原題 Das Boot）は、同名の原作（ロタール＝ギュンター・ブーフハイム著）と同じく、世界的に高く評価されている名画だ。主任務たる連合国輸送船団への攻撃等の戦闘がない限り、淡々と繰り返されるUボート艦内の日常がリアルに描かれており、艦長たちの食事シーンも興味深い。

メキシコ生まれでヒトラー・ユーゲントを経て海軍士官に任官した中尉は生真面目な性格で、和気あいあいの艦の雰囲気から浮いている存在だった。ある日の食事のこと、食事マナーも徹している彼は、ナイフとフォークを上手に使い、飴色をした一匹の魚の頭を落とし、中骨をきれいに取り去っていた。そのときに食べていた魚がニシンの燻製だ。

ドイツでは、魚料理は肉料理に比べてバラエティが少ない。とはいえ、北ドイツでは北海やバルト海の魚、たとえばニシンやサバ、タラ、サケ、カレイ類がよく食されてきた。なかでもニシンは好まれ、塩漬けや酢漬け、さらに燻製にして、人々に賞味されてきた。

燻製は古くから世界各地で行われてきた保存方法だ。燻製技術は石器時代に自然発生的に生じたといわれるが、一説によると、塩漬けにして燻すという現在の燻製法

密閉空間のUボートに火災は最悪だ。その危険性軽減のため調理器具は電気コンロのみ。ゆえにメニューは直火不要の煮込み料理や火を使わない料理が中心だった。燻製は保存性に優れ、しかもそのまま食べられるので缶詰類に次いで重宝された。そのためチョウザメ、サバ、カレイの燻製などもUボートに積まれたが、より利便性と保存性を向上させるため、食べやすいサイズにカットされた魚類の燻製をサンフラワー・オイルに漬けた「魚の燻製の食用油漬け」缶詰も好評を博したという。

**豆知識**

北海やバルト海沿岸地方は海産物に恵まれており、特にニシンは広く食されている。燻製のほか、塩漬けを使ったサラダ、リンゴと一緒にクリームソースであえるなど、いろいろな料理がある。また、軍港としても知られるドイツ北部の港町キールでは、小型の種類のニシンの燻製料理が名物となっている。

r e c i p e

## ニシンの燻製

●材料
ニシン　4尾

＜ソミュール液＞
水　1000cc
塩　150g
砂糖　70g
胡椒　適量
ナツメグ　適量
クローブ　適量
タイム　適量
ローリエ　適量

●作り方
①ソミュール液の材料を鍋に入れて煮立たててから冷ましておく。
②ニシンをさばく（エラ、鱗、腹部の内臓、血合いを取り除き、水洗いした後、水気をふき取る）。
③ビニール袋等に①と②のニシンを浸けて、一晩冷蔵庫で保管する。
④翌日、ニシンを流水で洗い、水に1～2時間浸して塩抜きをする。
⑤塩抜き後、風通しのよい所にぶら下げて4～5時間ほど干す。もしくは、トレイに並べて冷蔵庫で半日保管してもよい。
⑥ニシンを燻製器に入れ、3時間程度燻製する。表面が黄金色になったら出来上がり。
※使用する燻製器により、温度、時間を調整する。
⑦燻製後、10時間ほど風通しのよい所に吊るして、燻製臭を落ち着かせる。

の原型は、古代ローマ期のゲルマン民族によって始められたという。

そして、作り方に多少の違いこそあれ、ニシンの燻製はドイツに限らずイギリスやスウェーデン、オランダほか、北ヨーロッパの国々で古くから作られてきた。ちなみに、ヨーロッパで漁獲されるニシンはタイセイヨウニシン（*Clupea harengus*）。日本で見られる太平洋に分布するニシン（*Clupea pallasii*）に比べて、やや細めで腹部の鱗の形が少し違うが、肉質はほぼ同じ。これを丸ごと塩漬けにしたのち燻製にする。結果、保存しやすくなり、一度航海に出るとしばらく帰港できないUボートでも、食料として重宝された。

ニシンの燻製は塩分濃度が高いので塩抜き後に調理されることもあるが、真水に乏しいUボートでは、そのまま調理されるケースが多かったようだ。

かの青年中尉は、薬味とビタミン補給を兼ねたレモン汁をたっぷりかけ、ジャガイモとともに口に運ぶ。一方、傍らにいたほかの士官は、その有様を嘲るかのように武骨な手で直接貪る。厳しいUボートの艦内生活のしばしの憩いとなる食事時のワンシーンが、スクリーン上で見事に再現されていた。

Table 35

## ノルマンディー上陸前夜
## “くすねて”きた夜食

# フルーツ・カクテル

**Fruit cocktail**

一九四四年六月六日のノルマンディー上陸前夜、連合軍の上陸部隊が乗り組んだ各船では、この夜はできる限り上等の料理を出すよう手筈が整えてあった。しかし、荒れた洋上での船酔いのため、何か月かのうちで最上の食事をふいにした者も多かったという。そんななかで、何ともなかった兵士たちももちろんいた。「第五特別工兵旅団のキース・ブライアン曹長も同様で、サンドイッチとコーヒーを余分にとっておいたが、それでもまだ腹がいっぱいにならなかった。そこで仲間の一人が炊事室からフルーツ・カクテルを一ガロン〝くすねて〟きて、それを四人で空にした」（コーネリアス・ライアン著『史上最大の作戦』より）。

第二次世界大戦中、アメリカでは、人体に不可欠なビタミン類を摂取するため果物を食べることが奨励されており、軍隊でも果物は毎日供給されるべき食料に挙げられていた。そこで重宝されたのが「フルーツ・カクテル」の缶詰だ。

そもそもアメリカでは十九世紀中頃には、トロピカルフルーツを含む多種類の果物にジュースのほか甘いシロップなどの液状ソースをかけた「フルーツ・サラダ」が、前菜やデザートで食べられるようになっていた。なかでも、果物をキューブにカットし、砂糖やハチミツと各種リキュールなど

**豆知識**

缶詰の普及により第2次世界大戦中に重宝されたフルーツ・カクテルは、ヴェトナム戦争時には缶詰中心のCレーションで、さらに現代のMREレーションではフリーズ・ドライのものが重用されている。かようにフルーツ・カクテルはアメリカ軍にとってポピュラーな食料とみなされている。

ノルマンディー海岸で沿岸接近路を建設中のアメリカ陸軍戦闘工兵。同陸軍は、大規模な上陸作戦向けに地雷や障害物の除去、インフラ構築を主任務とする特別工兵旅団を編成した。これに対してイギリス陸軍は、シャーマン・クラブ地雷除去戦車や、障害物を破壊するための大口径スピゴット砲を搭載し、爆破作業用や地雷原処理用の各種アタッチメントが装着可能で、簡易架設橋の敷設などもできるチャーチルAVRE工兵戦車などを開発・投入。「機械化」により、人手での重労働の軽減と同時に人的被害の削減を図った。

r e c i p e

## フルーツ・カクテル

市販のシロップ漬けフルーツ缶詰各種を使用。フルーツは必要に応じて一口大にカットする。シロップもボウルにあけ、好みの白ワイン、ラムなど好みのアルコールを適量加えて冷やす。ソーダ水を加えるとさっぱりした味わいになる。

## フレッシュフルーツ・カクテル

●材料

黄桃
洋梨
ブドウ
チェリー
パイナップル
ラズベリー
オレンジ
グレープフルーツ
キウィフルーツ
など、好みのフレッシュフルーツを適量

<シロップ　>
水　200ml
グラニュー糖　120g
レモン汁　40ml
オレンジジュースもしくは白ワイン　100ml

●作り方

①シロップを作る。水を沸かしてグラニュー糖を加えて溶かし、冷めてからオレンジジュース、レモン汁を加えて冷蔵庫で冷やす。アルコール入りが好みの場合は、オレンジジュースの代わりに白ワインを入れてもよい。
②フレッシュフルーツを食べやすい大きさに切って①に冷蔵庫で1時間ほど冷やして出来上がり。

のアルコール類で調製してグラスに盛ったものが「フルーツ・カクテル」として知られるようになった。そして禁酒法時代（一九二〇～三三年）にアルコール抜きのものがつくられたと一般にいわれている。かくして、ノンアルコールの液状シロップ漬けのものが「フルーツ・カクテル」の名で、特に缶詰として親しまれるようになった。

缶詰のフルーツ・カクテルに配合される果物は、基本的に黄桃、梨（主に洋梨）、ブドウ、チェリーなど。これらアメリカ本土産の果物のほか、ハワイで多量に収穫されるパイナップルも加えられることが多かった。なお、軍に納品される缶詰にはもちろんアルコールは含まれていないが、戦場の将兵は持ち込んだり現地調達したさまざまなアルコール類を、フルーツ・カクテルに注いで味わうこともあった。

大規模なノルマンディー上陸作戦では、英米の輸送船に英米の部隊が混在して乗るケースも少なくなかった。そしていわずもがな、当時、食料の多くは米軍より供給されていた。苦しい船酔いとこれから始まる戦いの恐怖が入り混じる輸送船のなかで、それでも腹いっぱい食べることができたのは、数時間後に兵士たちが直面するだろう惨劇の前の一時の幸福だったに違いない。

料理の背景をもっと知りたい人のために

# 関連書籍映画ガイド

**本書で紹介した料理の多くには、出典となった書籍や映画が存在します。世界各国に跨るそれらについて、ここでその内容を簡単にご紹介しましょう。本書が掲げる「見る・読む・作る・学ぶ」の4つのテーマのうち、「学ぶ」の参考としていただければ幸いです。**

●解説／白石光

書籍 **12ページ**

## ポケット戦艦

テオドール・クランケ、H.J.ブレネケ（著）
伊藤 哲（訳）
早川書房

『アドミラル・シェーア』艦長クランケ自らも執筆に携わった傑作海洋戦記。「船団を護衛する巡洋艦より強く、自身より強力な戦艦が出現したら、それより速い船足を利して回避する」という戦前のドイツの喧伝通りのポケット戦艦の現実の活躍が描かれる。昨今、ポケット戦艦を中途半端なフネとする論も散見されるが、本艦や『シュペー』の活躍が現実である。

映画 **10ページ**

## 暁の出撃
## The Dam Busters

1955年
イギリス
124分

有名な『大脱走』やダグラス・バーダーの伝記『殴り込み戦闘機隊』の著者でもあるポール・ブリックヒルのノンフィクションの映画化作品。リチャード・トッド主演。跳躍爆弾「アップキープ」によるドイツ本土のダム破壊作戦「チャスタイズ」を描く。なお、エリック・コーツの名曲「ダムバスターズ・マーチ」の原曲は「イギリス第8軍マーチ」である。

書籍 **20ページ**

## スターリン
## その秘められた生涯

J.バーナード ハットン（著）
木村 浩（訳）
講談社

時に「赤い独裁者」とも呼ばれるスターリン。大粛清や独ソ戦で膨大な人数の自軍将兵と自国民に犠牲を強いても平然としている冷酷無比な横顔。その一方で、意外にも繊細な内面や家族との関係などを綴った名著。ソ連共産党首脳部と親交があったバーナード・ハットンの手になる著述だけに、きわめて興味深い内容が記されている。

映画 **18、74ページ**

## Uボート
## Das Boot

1981年
ドイツ
149分（ディレクターズ・カット版208分）

第2次大戦中、ドイツ海軍報道部隊所属の報道画家としてUボートなどに乗り組み取材した、ロータル・ギュンター・ブーフハイム中尉の著作の映画化作品。日本では映画バージョンが普及しているが、本来は全6話、約300分のテレビ・シリーズとして制作された。好評を博したため2018年と2020年にそれぞれ続編のシリーズ番組が放映されている。

書籍 **24、102ページ**

## 提督ニミッツ

E.B.ポッター（著）
南郷 洋一郎（訳）
フジ出版社

アナポリス海軍兵学校で海軍史研究者として教鞭を執っていたエルマー・ベルモント・ポッターの力作。本人はニミッツと共同で兵学校の教科書を執筆したこともあり、「人間ニミッツ」を知るうえでは屈指の書といえる。しかもニミッツのみならず、アメリカ太平洋艦隊にかかわる上層部の人々の人と柄もしばしば記されているのが興味をそそる。

書籍 **22ページ**

## 雪の中の軍曹

マリオ リゴーニ・ステルン（著）
大久保 昭男（訳）
草思社

第2次大戦後、作家となったマリオ リゴーニ・ステルンは若き日に軍曹として東部戦線に派遣され、ソ連軍だけでなく酷寒とも戦った。温暖な地中海方面での作戦行動を想定したイタリア軍の防寒装備は「ロシアの冬将軍」にはかなわず、しかも寒さ慣れした敵の攻撃を受けて敗走。その時の自身の経験に基づく「戦場に放り出された兵士」の悲哀を綴った名著である。

書籍 30､38ページ

## 戦艦ウォースパイト 第二次大戦で最も活躍した戦艦

V.E. タラント（著）
井原 裕司（訳）
文藝春秋

古英語で「戦争を軽蔑する」という意味の艦名を与えられた『ウォースパイト』は、初陣のユトランド沖海戦で舵の故障を起こして以来、舵の故障が癖になってしまった。第2次大戦勃発時にはその艦齢からオールド・レディのあだ名でも呼ばれ、ノルマンディー上陸作戦では艦砲射撃を行った。そんな本艦の足跡を知るにはうってつけの1冊。

書籍 34､60ページ

## ガリポリ 第一次大戦における最大の勇気と最大の愚行

アラン ムーアヘッド（著）
小城 正（訳）
フジ出版社

オーストラリア出身の著名なジャーナリスト、アラン・マックレー・ムーアヘッドが著し、ダフ・クーパー賞を受賞した名著。極初期の水陸両用作戦であるガリポリ上陸作戦におけるイギリス連邦軍上層部の不手際や愚行。それに翻弄されつつも奮戦を続ける現場部隊。失敗に終わった同作戦の顛末とその内情を記した、本邦では数少ない著作である。

書籍 40ページ

## 潜水艦戦争 1939-1945

レオンス ペイヤール（著）
長塚 隆二 （訳）
早川書房

主に海軍関連の著述で知られるレオンス・ペイヤールの手になる、第2次大戦中の実戦下における潜水艦の活動を描いた名著。執筆時期が古いので数字や事実関係の記述にやや気になる点も見られるが、戦争経験者の多くが鬼籍に入ってから歴史的事実を覆し話題性を得たいような著述物とは異なり、当事者から得た「生（き）」の話に基づく記述が素晴らしい。

書籍 46ページ

## シシリー島空戦記 航空団司令の日誌

ヨハネス・シュタインホフ（著）
河野 士郎（訳）
原書房

連合軍のイタリア侵攻後、同戦域の総司令官は空軍のアルベルト・ケッセルリンク元帥が務めていた。その影響もあって、イタリアでは航空部隊や空軍地上部隊のヘルマン・ゲーリング師団などが活躍した。かようなイタリア戦域で戦闘航空団を率いて戦ったエース、シュタインホフの回想録は「現場を体験」した者にしか語れない「空の戦場の真実」が綴られている。

書籍 28ページ

## ブリエラの解放者たち

ドウス 昌代（著）
文藝春秋

第2次大戦中、移民立国のアメリカでは、敵国のドイツ系やイタリア系も強制収容所に入れられることはなかった。しかし当時の同国は肌の色による人種差別が普通だったことも影響して、日系だけは家族もろとも強制収容所に入れられた。そこで日系人は、アメリカへの忠誠心を示すべく志願入隊して勇敢に戦ったが、これらの複雑な背景をも知るうえでの名著。

映画 32ページ

## ヒトラー～最期の12日間 Der Untergang

2004年
ドイツ・イタリア・オーストリア
156分

1945年4月末、ソ連軍は千年帝国の首都ベルリンへと迫った。ヒトラーは総統官邸の中庭に設けられた総統地下壕にこもり、同地から脱出することなく壕内で自決した。ヨアヒム・フェストの同名書とヒトラーの秘書だったトラウドゥル・ユンゲの回想録を元に史実を重視したシナリオが起こされ、ヒトラーを演じたブルーノ・ガンツの名演技も高く評価された傑作。

書籍 36ページ

## イワンの戦争 赤軍兵士の記録1939-45

キャサリン メリデール（著）
松島 芳彦（訳）
白水社

苛烈な独ソ戦の実相、そして自国将兵に課せられた赤軍上層部の非情な処置や処遇。また、ときに無情、ときに心温まる戦場での逸話など、第二次大戦下のソ連軍前線部隊や下級将兵の実像を、将兵らの証言や回想に基づき描いた力作。本書を通じて、軍民合わせて他国に比べて桁違いに多い犠牲者が生じた陰には、当時のソ連ならではの事情があったことも理解できる。

書籍 44ページ

## 海に消えた星の王子様

ジャック・プラデル／リュック・ヴァンレル（著）
神尾賢二 （訳）
緑風出版

1944年7月31日、サン＝テグジュペリは南フランス方面の偵察に向けて愛機ロッキードF-5Aライトニング（偵察型）でコルシカ島を発った。しかし飛行中に地中海上空で消息を絶つ。ドイツ機に撃墜されたのだ。そのサン＝テグジュペリの足跡を地道かつ丹念に調査するとともに、彼の生い立ちや人と柄にも触れた貴重な秀作。

映画 54ページ

## 戦艦ポチョムキン
## Battleship Potemkin

1925年
ロシア
75分

赤軍で軍務に服した経験があり、その頃に日本語も学んだソ連映画界の巨匠、セルゲイ・エイゼンシュテインがメガホンをとった歴史的傑作。第1次ロシア革命20周年記念作品として制作された。「オデッサの階段」として知られる同市民に対する虐殺の場面や、黒海艦隊の艦艇の多くがポチョムキンの叛乱に同調するといったイデオロギー上の極端な演出もある。

書籍 52ページ

## 外人部隊の女

スーザン・トラヴァース（著）
高橋 佳奈子（訳）
新潮社

著者スーザン・トラヴァースはロンドン生れだが10代の頃に家族で南フランスに移住。第2次大戦が勃発すると看護師としてフランス赤十字に加わった。そしてフィンランドで活動した後にフランス外人部隊へと入隊し、アフリカとヨーロッパを転戦。レジョン・ドヌール勲章や戦功章を受章した本人による、女性の従軍を綴った貴重な回想録。

書籍 58ページ

## レッド・バロン
## 撃墜王最期の日

デールM. ティトラー（著）
南郷 洋一郎（訳）
フジ出版社

軍用航空機黎明期の第1次大戦時、騎兵士官から戦闘機パイロットに転じた若きエースの生と死の物語。まだ騎士道精神が戦場に生きていた同大戦初期から、殺伐たる国家総力戦の情無用の戦いへと変貌を遂げた同大戦。変化する時代を駆け抜け、真赤に塗りあげた愛機とともに流星のごとく戦火に散った誇り高き人物像が活写された名著。

書籍 56ページ

## 女王陛下のユリシーズ号

アリステア・マクリーン（著）
村上博基（訳）
早川書房

イギリス冒険小説界の巨人アリステア・マクリーンの手になる比類なき海洋冒険ノヴェル。あくまで架空のストーリーながら、日本ではその実相があまり知られていない北極海とロシアン・コンボイの描写が素晴らしい。また、イギリス海軍艦艇の乗組員たちの生活や雰囲気の活写は、海軍に興味を持つ者以外にも大いに参考となることだろう。

書籍 66ページ

## 非情の海

ニコラス・モンサラット（著）
吉田 健一（訳）
至誠堂

海洋冒険小説の本場、イギリス屈指の巨匠ニコラス・モンサラット。第2次大戦中、イギリス海軍に入隊してコルヴェットやフリゲートで船団護衛に従事した自身の経験や見聞をもとに描かれた、いまや古典ともいえる傑作中の傑作。対潜任務に主眼を置いた小型護衛艦艇の日常生活、そして生と死の物語が叙情豊かに綴られる。

書籍 64ページ

## ナチ将校の妻
## あるユダヤ人女性：55年目の告白

エーディト・ハーン ベア、スーザン ドゥオーキン（著）
田辺 希久子（訳）
光文社

吹き荒れるナチス党による組織的なユダヤ人排斥の嵐。ユダヤ系の著者がいかに差別され、味方となってくれるドイツ人たちに助けられて強制収容所送りのような最期を迎えずに、怯えながらの日々を生き延びて、戦争末期には夫がドイツ軍将校になるという物語。ナチス党支配下の組織的、計画的なユダヤ人排斥と、それからの逃避が生々しく語られる。

書籍 70ページ

## 第6軍の心臓 1942～3年
## スタリングラート地下野戦病院

H.G.コンザリク（著）
金森 誠也（訳）
フジ出版社

著者は当初ゲシュタポで働いており、その後に従軍記者を経て兵役に就き、東部戦線で戦って負傷した経歴の持ち主。本書には、実際にスターリングラード戦で起こったエピソードが小説の体裁でまとめられている。独ソ戦、そして悲惨なスターリングラード戦の実相が緻密、かつ興味深く綴られており、単なる小説の域を超えて、当時の雰囲気を知る格好の書といえる。

書籍 68ページ

## ふたつの戦争を生きて
## ファシズムの戦争とパルチザンの戦争

ヌート・レヴェッリ（著）
志村 啓子（訳）
岩波書店

著者は典型的なファシスト少年として育ち、第2次大戦が勃発すると士官として東部戦線で戦う。しかし戦況は悪化し、ソ連軍に加えて「ロシアの冬将軍」に敗北。命からがら帰国すると、勝ち目のない戦争に国民を追いやったファシズムを倒すべく、今度はパルチザン闘争に参加して祖国の再興を目指す。いかにもイタリア人らしい変節がよく理解できる1冊。

書籍 76ページ

## 史上最大の作戦

コーネリアス ライアン（著）
広瀬順弘（訳）
早川書房

第2次大戦史の巨匠コーネリアス・ライアンの手になる、あまりに有名なノルマンディー上陸作戦を描いた名著。執筆された時期が早かったせいで、現在の情報に照らし合わせれば数字の間違いや事実関係の検証不足もわずかにみられる。しかし綿密な取材に基づく数々の証言が、優れた筆致と相まって本書を比類なき1冊にしている。「その日」を知るうえでは最適。

書籍 72ページ

## 誰がムッソリーニを処刑したか イタリア・パルティザン秘史

木村 裕主（著）
講談社

ファシズムの創始者ムッソリーニは、1943年のイタリア降伏にともなっていったんは拘束されたが、これをドイツ軍が救出。改めて傀儡政権のイタリア社会共和国の首班におさまった。しかし第2次大戦の終結が近づくと逃亡したものの、共産系パルチザンに捕らえられて愛人クラーラともども処刑された。この一連の出来事を、丁寧な検証に基づいて描いた力作。

書籍 98ページ

## 今ここに神はいない

リチャード・オバートン（著）
奥田 宏（訳）
梧桐書院

著者は1943年7月にアメリカ海軍に入隊。衛生兵の訓練を受けた後に海兵隊へ配属された。そして1945年2月の硫黄島上陸作戦「デタッチメント」に参加する。その硫黄島の戦場は、轟く銃砲声と死にゆく仲間の絶叫、そして硝煙と血のむせ返る臭いに包まれた「神のいない」地獄であった。自身の経験に基づいて描かれた硫黄島戦記の傑作。

書籍 92ページ

## 逆転　信じられぬ勝利

ウォルター・ロード（著）
実松譲（訳）
フジ出版社

パールハーバー攻撃やコーストウォッチャーなど、太平洋戦域に関する優れた著述で知られるウォルター・ロード。豊富な資料と多くの当事者たちの証言を集め、それに基づいて構築された、主眼をアメリカ側に置いてミッドウェー海戦を描く傑作。現在は本書執筆以降に検証された事実や見つかった記録もあるが、しっかりとしたプロットとエピソードは現在でも貴重だ。

書籍 104ページ

## ぼくは日本兵だった

J・B・ハリス（著）
旺文社

著者は戦後、ラジオ番組「百万人の英語」の講師となった人物で、日本国籍を持つイギリスと日本とのハーフとして陸軍に徴兵され、中国に派遣された。そのときの軍での経験を綴った名著。平易な文体で読みやすいうえ、欧米人的感覚で当時の日本陸軍を客観的にみている点が、欧米化が進んだ現代の日本人が当時の日本の状況をみているようにも感じられる。

書籍 100ページ

## 米軍兵士の太平洋戦争 最前線の戦闘

ジョン ハーシー（著）
西村 建二（訳）
中央公論社

著者ジョン・ハーシーは中国の天津生まれで、第2次大戦中はジャーナリストとしてアジアの戦場を取材して回った。本書は、カダルカナル島、クェゼリン環礁、ビアク島、ペリリュー島など中部太平洋島嶼部での死闘にスポットを当て、戦場における日米双方の兵士たちの実情、苦しい戦場での生活や仲間の死を描いたルポルタージュの秀作である。

書籍 110ページ

## 八甲田連峰 吹雪の惨劇

小笠原孤酒（著）

日本山岳史上屈指の惨劇とされる八甲田雪中行軍遭難事件。同山のある青森県出身のジャーナリストで小説家の小笠原孤酒が、当初、第5部までの予定で執筆に着手した渾身の力作。6万点を超えるといわれる膨大な資料の収集とその分析に基づき、また、関係者への取材も重ねて執筆された詳細な記述が素晴らしい。残念なことに3部以降は著者逝去のため未刊。

書籍 106ページ

## 決断と異議 レイテ沖のアメリカ艦隊勝利の真相

カール・ソルバーグ（著）
高城 肇（訳）
光人社

日本連合艦隊が総力を結集して出撃したにもかかわらず、大敗を喫したレイテ沖海戦。当時、戦艦『ニュージャージー』乗り組みの士官だった著者が綴るアメリカ側から見た同海戦の実情と分析は、日本側の記録と照らし合わせてみると、さらにさまざまな事柄が浮かび上がってくる。記述もかなり正確で、しかも戦記としても読みやすい傑作。

# 第8師団の将兵が土産にした「バナナ最中」

藩政時代には弘前藩の城下町として栄えた青森県弘前市。1898（明治 31）年に陸軍第 8 師団が創設され、やがて、軍都・弘前と呼ばれるようになった。現・県道 127 号にあたる富田大通りや松原通りは、沿道に第 8 師団関連施設が立ち並んだことから「師団通り」と呼ばれ、賑わいを見せたという。そんな師団通りの一隅に立つ、明治 38 年創業の「いなみや菓子店」は伝える。

「軍人のみなさんは『バナナ最中』を弘前市当地の味として、次の赴任地に移ってからも注文くださいました。それほど人気を集めた菓子です」。

「バナナ最中」はその名のごとくバナナの形をした最中で、中に甘くてバナナの芳香と味がする餡が入った、弘前を中心に津軽地方で知られる郷土の菓子だ。いなみや菓子店の主人が、当時高級だったバナナの香りに魅了されて開発し、1913（大正 5）年より発売した。それを、師団の将兵たちがお土産にとこぞって求めたという。現在弘前には、いなみや菓子店で修業した菓子職人らによる「バナナ最中」の店が数軒ある。軍都・弘前で、逸話付きの銘菓を味わってみてはいかがだろうか。

（文／水梨由佳）

Gourmet of the military around the world

# 軍用糧食として最適だったチョコレート

チョコレートは、高カロリーで嗜好性にも優れた食品だ。しかも、味が濃いので薬物等を添加しても不味になりにくいという特徴がある。反面、最大の弱点は、夏場や熱帯地方の高温で溶けたり、成分の分離を起こしてしまうことだった。

アメリカ軍は、このチョコレートの軍用糧食としての可能性に早くから着目していた。そこで国内のチョコレート製品の最大手であるハーシー社に、溶けにくいチョコの開発を依頼。こうして完成した「溶けにくいチョコレート」は、1937 年から軍用糧食の 1 品目として採用された。

一方、後にアメリカの敵国となるドイツでも、1935 年にカフェイン含有量が多く眠気覚まし効果が期待できるチョコレートの「ショカコーラ」が開発され、民需用としてのみならず軍用糧食にも採用されている。

日本では、大戦末期に覚醒剤ヒロポン入りの軍用チョコレートがつくられて、出撃前の特攻隊員らに与えられたという話も伝えられている。

（文／白石光）

Gourmet of the military around the world

# 第2章 アジア太平洋編

Table 36

## ハワイ会談でのフレッシュ・メニュー

# フルーツ・サラダ

**Fruit salad**

パイナップルの下半分でつくったボウルに盛られた「フルーツ・サラダ」が、ローズヴェルト大統領、ニミッツ提督、マッカーサー将軍の前に並ぶ。デザートだろうか、あるいはアペタイザー（前菜）として出されたのかもしれない。いずれにしても、一口大に丸くくり抜かれたパパイヤやマンゴー、メロン、パイナップルなどは、常夏のハワイを代表するトロピカルフルーツだ。

一九四四年七月二十六日からハワイで催された太平洋戦略会談の合間に、オアフ島マカラパ山にあるニミッツの公邸で昼食会が行われた。その際のメニューだが、彼が主催する会食では必ずフルーツが用意されたという。

世界各地で古くから食されてきたフルーツ。それらを盛り合わせて「サラダ」とするスタイルは、アメリカでは十九世紀中ごろから見られるようだ。「フルーツ・サラダ」は、盛りつけただけで何もかけなかったり、果汁やシロップに浸けたり、あるいは砂糖やドレッシングをかけたりなど各種レシピがあり、食事のスタイルに応じてアペタイザー（前菜）やデザートなどとしても出されている。

第二次世界大戦中のアメリカでは、ビタミン類摂取のためフルーツを日々の食事に

1944年7月26日、ハワイ・パールハーバーにて。重巡洋艦『ボルチモア』艦上で談笑する南西方面連合軍総司令官ダグラス・マッカーサー（左）、アメリカ合衆国大統領フランクリン・ローズヴェルト（中央）、太平洋艦隊司令長官チェスター・ニミッツ。このハワイ会談は太平洋戦略会議として開かれたものであったが、大統領選挙を控えて、自分がアメリカ全軍を指揮していることを誇示したいローズヴェルトの写真撮影旅行の意図があるとして、マッカーサーは乗り気でなかった。そのため、ローズヴェルトが『ボルチモア』でパールハーバーに到着した際、彼は意図的に略装をまとって「最前線で戦う勇将」を気取り、出迎えにも遅れるという自身をビッグに見せる「演出」をしたとされる。

1944年7月、ハワイで開かれた太平洋戦略会議にて。アメリカ海軍参謀総長ウィリアム・レーヒ提督（奥）、フランクリン・ローズヴェルト大統領（中央）、ダグラス・マッカーサー将軍（手前）に戦況を説明するチェスター・ニミッツ提督。ローズヴェルトにしてみれば、自身が最前線での作戦指揮にかかわっているという雰囲気を醸し出す意図に最適のカットといえよう。

r e c i p e

## フルーツ・サラダ

●材料
パイナップル
パパイヤ
マンゴー
メロン
スイカ
他

●作り方
①パイナップルを半分に切り、果肉をくり抜いて器を作る。
②材料のフルーツは、メロンボール（調理器具）で一口大のボール状にくり抜く。メロンボールがない場合が軽量スプーンなどで代用できる。
③①のパイナップルの器に盛り付ける。
※アメリカ海軍の『COOK BOOK』では、「Fruit Salad」として「リンゴ、パイナップル、オレンジを一口大にカットし、レタスとともに合わせ、食べる直前にフレンチドレッシングをかける」というレシピも紹介されている。

取り入れることが奨励されていた。それは軍隊でも同様で、海軍の料理マニュアルでは、フルーツは毎日供されるのが望ましいとされ、艦艇は生、缶詰、冷凍、乾燥等を常備した。特にパールハーバーでは、生や缶詰のパイナップルが大量に積み込まれた。というのも、一九〇〇年前後に始まったハワイのパイナップル・プランテーションは、一九四〇年頃には世界のパイナップル生産量の約八〇パーセントを占めるまでに成長していたからだ。

ちなみに、パールハーバーがアメリカ海軍の軍事拠点となっていくのは、米布互恵条約が締結された一八七六年以降のこと。一八八七年の条約更新では、アメリカはパールハーバーの独占使用権を獲得し、一九〇〇年に軍港として拡張工事を開始したのであった。

**豆知識**

「フルーツ・サラダ」に近い料理として、細かく切ったフルーツを砂糖、各種リキュールで風味付けした「フルーツ・カクテル」がある。ノン・アルコールのものはアメリカ軍の戦闘糧食にも採り入れられている。一方、「フルーツ・パンチ」は水、砂糖、果汁、酒、香辛料などに各種果物を加えた飲み物のこと。アメリカでは酒類が入らないレシピが一般的。

Table 37

## 戦艦『ペンシルヴァニア』のクリスマスディナー

# ロースト・ターキー

**Roast Turkey**

一九四一年十二月七日（現地時間）、日本軍の攻撃でパールハーバーのアメリカ太平洋艦隊は大損害を被った。ハワイ海軍工蔽第一乾ドックに入渠中だった戦艦『ペンシルヴァニア』も被害艦の一隻である。爆弾一発が右舷ボート甲板を直撃し、戦死・行方不明二九名、負傷三八名の犠牲が生じた。

だが、艦の損傷自体は比較的軽微で、応急修理後、近代化改修も兼ねてサンフランシスコに向けて十二月二十日に出港、九日後の二十九日に到着した。この航海中、洋上で二十五日を迎えた『ペンシルヴァニア』では、上陸できる帰国直前にもかかわらず、全乗組員にクリスマスディナーが用意された。

「フルーツ・カクテル」に始まるメニューは、オリーブやピクルスの前菜、クラッカーを添えた「クリーム・オブ・ターキー・スープ」。そして、メインディッシュは「ロースト・ヤング・トム・ターキー」。若い雄の七面鳥にジブレット・グレーヴィーソースとクランベリーソースが添えられたものだ。

七面鳥は、十一月の感謝祭（サンクスギビング）やクリスマスなど、アメリカの祝祭日のディナーに欠かせない。もともと北米に生息し、メキシコ先住民の手で家禽と

豆知識

ロースト・ターキーに「クランベリーソース」や「グレーヴィーソース」は欠かせない。「クランベリーソース」はクランベリー（ツルコケモモ）を甘く煮たもので、アメリカ海軍のレシピでも生もしくは乾燥品を使う。「グレーヴィーソース」は肉汁を煮詰めて調理したもの。ジブレット（家禽の首や内臓）の出汁で作れば「ジブレット・グレーヴィー」となる。右ページの写真は、ジブレット・グレーヴィーをかけたロースト・ターキー。付け合わせは左からクランベリーソース、バタード・ピース、マッシュドポテト。サザン・ドレッシング（コーンブレッドや野菜、ハーブ等を混ぜて焼いたもの）。

1916～18年頃の『ペンシルヴァニア』艦内の士官室（ワードルーム）。同艦の士官たちはここでクリスマス・ディナーを満喫した。

r e c i p e

## ロースト・ターキー

●材料

ターキー　1羽
塩　適量
胡椒　適量
鶏脂（もしくはバター）　適量

＜スタッフィング（詰め物）＞
食パン（焼いて一日たったもの）　2～3枚
タイム　適量
セージ　適量
塩　適量
胡椒　適量
タマネギ　1～2個
セロリー　1～2本
バター（もしくは脂）　約50g

●作り方

＜スタッフィング／ドレッシング＞
①硬くなった食パンをちぎり、タイム、セージ、塩、胡椒と混ぜる。
②タマネギとセロリを粗く切り、色が透き通るくらい程度に、多めのバター（もしくは脂）で炒める。
③①に②を混ぜる。
④③をローストパン（耐熱鍋）に入れて、残りのバターを塗って、約175度のオーブンで20～30分焼く。
※③をターキーを焼くときに腹腔部に詰めてもよい。
※もしくは④を焼き上げたターキーに付け合わせる。

＜ロースト・ターキー＞
①よく洗い、水気をしっかりとって、腹腔部に塩、胡椒を刷り込む。
②腹腔部にスタッフィングを詰めて、穴を閉じる。
※腹腔部への詰め物は好みで。しっかりと塩、胡椒をしただけで焼いてもよい。
③全体に鶏脂もしくはバターを塗る。
④ローストパン（耐熱鍋）の底を覆うくらい水を入れ、ターキーを入れて、約165度のオーブンで2～3時間焼く。
※ターキー 1kgあたり約40分が目安。
※身のいちばん厚いところに温度計をさして約75度になっていたらほぼ焼き上がり。
※市販のターキーを使う場合、その説明書に従うのがよい。
⑤オーブンから取り出し、アルミホイルで包んで休ませてから、盛り付ける。

して飼養されていた七面鳥は、十六世紀前半にヨーロッパに持ち込まれると食用として瞬く間に広がり、イギリスではクリスマスのご馳走となった。

一方、一六二〇年にイギリスから北米大陸東部のプリマスに移住したピルグリム・ファーザーズ（巡礼父祖）の一団は、先住民ワンパノアグ族によって慣れない異郷での生活を助けられたという。このとき、同部族から提供された七面鳥等をともに食べた感謝の祝宴が、アメリカの感謝祭の始まりともいわれる。諸説あるが、こうしてアメリカでは、感謝祭とクリスマスのディナーにロースト・ターキーを食するようになった。

アメリカ海軍は、艦上や基地を問わず、たとえ戦時下であっても将兵に「ホリデー・ディナー（祝祭日の食事）」を提供する。その食事をいかに重視していたかは、多くの「サンクスギビング」や「クリスマス」のメニューカードが残されていることからも見て取れる。

一九四一年の『ペンシルヴァニア』のクリスマス・メニューカードには、艦長チャールズ・M・クック・ジュニア大佐ら上級士官から祝いの言葉が添えられていた。

「主は護ることを求められた。我々はそのために自らを捧げる」。

Table 38

## 山本長官を襲った「蒼空の刺客」たちの朝食

# スパム“ン”エッグ

**SPAM 'N' Eggs**

一九四四年四月十八日、アメリカ陸軍航空隊のP-38一七機がガダルカナル島ヘンダーソン基地の戦闘機用第二滑走路を飛び立った。目指すはブーゲンビル島上空。最前線視察に向かう山本五十六長官一行の予定を察知したアメリカ軍は、長官が搭乗する一式陸攻の撃墜作戦「ディリンジャー」を発動したのだ。

離陸は〇七一〇時。それに先立ち、指揮官ミッチェル少佐以下の隊員たちは、出撃に備えてテント張りの野戦食堂で朝食をとった。スパム、乾燥卵のスクランブルエッグ、水溶きの粉ミルク、コーヒー。毎度変わらぬメニューにうんざりとする彼らだったが、長時間に及ぶフライト中、血糖値の低下で思考力や判断力が鈍るのを避けるため、無理にでも腹に詰め込まねばならなかった……。

アメリカ軍が第二次世界大戦中に重宝したのが、ホーメルフーズ社の「スパム」(SPAM)だ。一八九一年創業の同社は一九二〇年代後半に「スパイスド・ハム」の缶詰を発売。だが売れなかった。そこで新ブランド名を公募し、一九三七年に「スパム」へとリニューアル。同時に大々的なキャンペーンを打った。たとえば、一九三一年創刊の女性誌『ウーマンズ・デイ(Woman's Day)』誌上に「スパムウィッ

ガダルカナル島の戦闘機用第2滑走路（ククム滑走路）に駐機中のP-38G型。山本長官機襲撃隊は同型機を使用し、この滑走路から出撃した。

P-38の前でポーズをとる山本長官機撃墜にかかわった3人の「刺客」。左からトーマス・ランフィア大尉、ベスビー・ホルムズ中尉、レックス・バーバー中尉。後年、だれが長官機を撃墜したかという大論争が巻き起こることになる。ちなみに、ランフィアも含む多くのパイロットたちは、出撃前の朝食のあと、緊張のあまりしばしば腹痛に見舞われたという。

r e c i p e

## スパム"ン"エッグ

●材料（1人分）
スパム　1㎝厚さを2枚
※卵料理は、目玉焼きやスクランブルエッグなど好みで。

<スクランブルエッグ>
卵　2個
牛乳　30cc
バター　10g
塩　適量
胡椒　適量
食用油　適量

●作り方
①スパムは厚さ1cm程度にスライスする。
②熱したフライパンにバターか油を引き、スパムを両面焼く。
③スクランブルエッグを作る。ボウルに卵を割り入れてほぐし、牛乳、塩、胡椒を加えて混ぜる。
④フライパンに油を引き、バターを加える。
⑤バターが溶けたら、③の卵液を流し込み、弱火で10～20秒ほどそのままにして、縁や底のほうが少し固まってきたら、全体を手早く混ぜる。焼きすぎないようにする。
⑥焼いたスパムとスクランブルエッグを一皿に盛る。

チ」（SPAMwich／スパムとトーストのサンドイッチ）や「スパム"ン"エッグ」（SPAM 'N' Eggs／焼いたスパムと目玉焼き）、「スパムブルドエッグ」（SPAMbled Eggs／スパム入りスクランブルエッグ）といったレシピを紹介。結果、豚肩肉の挽肉を主とした調理加工済み肉製品のスパムは、安価で携行性と保存性に優れ、栄養価が高く応用の幅も広いという利点から、全米の主婦の間に広まっていった。

同様の理由で軍も糧食として採用。一二オンス（約三四〇グラム）の市販品のほか、軍用の六ポンド（約二・七キログラム）缶も前線へ送られた。大戦中、ホーメルフーズ社は年間一六〇万頭の食用豚を仕入れ、その九〇%を本品を含む缶詰製品として軍に納入したという。生鮮食材の入手が難しい戦地で、スパムは毎食のように提供された。ゆえに、その味に辟易としたという話が今に伝わるが、戦史に綴られる四月十八日の朝も、「いつもの朝食」で始まったのであった。

### 豆知識

「スパム」は「ランチョンミート」の代名詞として使われることも少なくないが、ホーメルフーズ社の商標登録製品名。「ランチョンミート」は本来、ソーセージのように味付けした挽肉を加熱後冷却した保存性の高い家庭料理。再加熱せず手軽に昼食に食べることが多いので、昼食の意の「luncheon」がついている。

Table 39

## 大日本帝国海軍の鯨料理

# 鯨肉のステーキ

**Whale Steak**

日本における捕鯨の歴史は古く、縄文時代まで遡るというが、江戸初期には日本沿岸・近海を主たる漁場とする日本型捕鯨文化の基礎が形成された。そして明治期、西洋の技術を導入した近代捕鯨が始まり、昭和九年（一九三四）には南氷洋で母船式捕鯨を開始した。当初は、沿岸捕鯨の鯨肉価格への影響を考慮し、南氷洋産鯨肉の国内持ち込みには制限があったという。ところが、満州事変以降の戦時体制下でその持ち込み制限は緩和され、各種食糧政策が実施されるようになった。動物性タンパク源の鯨肉の食用が国策として奨励されたのである。

その影響は当然、軍の糧食にも及ぶ。海軍の食事には、明治の海軍創成期より西洋料理が多く採り込まれたメニューが継承されていたが、鯨料理の研究も行われたという。昭和十四年には、第一艦隊の各艦が研究した料理コンテストも実施された。そこでは、鯨肉の味噌煮（空母『赤城』）、鯨肉カツレツ（戦艦『霧島』）、鯨肉の南蛮時雨煮（戦艦『金剛』）、鯨肉グラタン（戦艦『伊勢』）、鯨肉の紅葉焼（戦艦『扶桑』）、大鯨麺（潜水母艦『大鯨』）、鯨肉の湯肉片（駆逐艦『海風』）、鯨肉のフーカデン（給糧艦『間宮』）等の鯨料理が登場した。

また、『海軍主計兵調理術教科書』（昭和十七年十月改正版）には、西洋料理として「鯨

▲「第１号型輸送艦」は舟艇などの搭・下載を船尾から行うため、後甲板がスロープになっていた。また、船倉も備えていたことから捕鯨母船に最適とされた。キャッチャーボートが捕獲した鯨を、スロープを使って引き揚げ、後甲板上で解体処理して船倉に設けられた冷凍庫に肉を貯蔵するのだ。なお、捕鯨母船とされた「第1号型輸送艦」の『第9号』『第13号』『第16号』『第19号』の各艦は、のちに連合国各国に引き渡された。写真は『第16号』。

▼第２次世界大戦後、捕鯨船団への貸与の候補として推薦された戦艦『長門』は、のちにアメリカによるビキニ環礁での海洋原爆実験「クロスロード」作戦の標的艦の1隻として使用された。写真は1946年7月25日の実験の様子で、左下に見えるのが『長門』。沈没した同艦は、現在はダイビング・スポットとなっているが、放射能汚染によりダイバーが直接同艦に触れることは禁止されている。

**豆知識**

「シャリアピン・ステーキ」は、昭和11年、帝国ホテルに宿泊したロシア出身の世界的オペラ歌手のフョードル・シャリアピン氏に提供したステーキ。やわらかく薬効も期待できるステーキを所望した氏に、筒井料理長が、牛肉をすりおろしたタマネギに漬けてやわらかくしてから焼き、別にタマネギのみじん切りをバターで炒めて、ステーキの上に載せて提供した。

r e c i p e

## 鯨肉のステーキ

●材料
鯨肉　約150～200g
タマネギ　1/2個
醤油　大さじ2
バター　適量

●作り方
①鯨肉を厚さ2cm程度の厚さに切り、醤油をかけておく。
②フライパンでせん切りにしたタマネギをバターでじっくり炒め、塩、胡椒で味を調える。
③フライパンでベーコンをほどよく焼き、別皿に取り分けておく。
④フライパンにバターを入れ、強火で①の鯨肉を焼く。
⑤皿に焼いた鯨肉を盛り、②のタマネギと③のベーコンをのせ、パセリを散らす。

肉のステーキ」が紹介されている。レシピを見ると、バターで炒めたタマネギをたっぷり鯨肉の上に載せるとあり、昭和十一年にかの帝国ホテルで誕生した「シャリアピン・ステーキ」を彷彿させる。鯨肉は鯨種や部位によっては硬さやクセを伴うが、その緩和に「シャリアピン・ステーキ」を模したのだろうか。というのは、想像の域を出ないが、「鯨肉のステーキ」もまた洋上での唯一の楽しみの食事を重視した海軍らしい創意工夫のある料理のひとつといえるだろう。

ところで終戦直後、ＧＨＱは日本の食糧不足緩和のため、まず小笠原諸島近海での捕鯨再開を許可した。だが、戦時中に軍に徴用された大型捕鯨船の多くは失われ、沿岸捕鯨用の小型捕鯨船しかない。そこで、復員省より軍艦が貸し出されることになった。その候補に挙がったのが、なんと、損傷を受けつつも残っていた戦艦「長門」だ。しかし、さすがに巨大すぎるため、白羽の矢が立ったのが、鯨を甲板に引き込むのが容易になるスロープ構造を船尾に備えた「第一号輸送艦」だった。その『第十九号』が艦長以下、元海軍軍人の全乗組員ともども捕鯨船団に貸し出され、昭和二十一年二月二十四日、勇躍「鯨捕り」に小笠原へと向かった。後に同型艦の『第九号』『第十三号』『第十六号』も捕鯨母船へと〝転身〟している。

Table 40

## 空母『エンタープライズ』の特製朝食

# ワン・アイド・サンドウィッチ

**One-eyed sandwich**

ミッドウェー海戦当日の一九四二年六月四日、〝ビッグE〟こと空母『エンタープライズ』の士官食堂では、いつもの朝食が用意されていた。

「コリンズはまだ午前一時三〇分だというのに食卓の準備を終えていた。ベスト大尉はいつものシャード・エッグを、グレイ大尉は好物の『ワン・アイド・サンドウィッチ（one-eyed sandwich）』を食べた。それはエンタープライズの特製料理だ……」（ウォルター・ロード著『逆転　信じられぬ勝利』より）。

当時、第6戦闘中隊長だったグレイは自身の手記において、士官食堂給仕長のコリンズがどれほど満足のゆく食事を準備していたかを述べている。

『エンタープライズ』の特製料理といわれた「ワン・アイド・サンドウィッチ」は、パンの中央に開けた穴に卵を入れ、両面もしくは片面をたっぷりのバターやベーコン・オイルなどで卵をオーバー・ミディアムに焼いたもの。シンプルながら好む者が多いユニークなトーストだ。同艦の厨房では、パン焼き型の中にパイプを入れて最初から穴の開いたパンを焼いたという話もある。そのパンをスライスしてグリルパン（鉄板）にズラリと並べ、卵を穴に落として焼き上げる。効率よく多人数の朝食を用

第6戦闘中隊のパイロットたち。前列右から3人目がジェームズ S. グレイ大尉。その左隣はのちに第6航空群司令となるクラレンス W. マクラウスキー少佐。1942年1月撮影。当時はまだ航空群と空母が紐づけられていたので、『エンタープライズ』の艦籍番号であるCV-6と搭載の航空群の番号が同一であった。

太平洋戦争開戦の約半年前、1941年6月に撮影された『エンタープライズ』。飛行甲板はまだ塗装されておらず自然の木の色だが、船体のほうはメージャー 1カモフラージュ塗装が施されて暗色になっている。

r e c i p e

## ワン・アイド・サンドウィッチ

●材料（トースト1枚分）
食パン（6枚切りのもの）
卵　1個
バター　10～15g

●作り方
①食パンの中央を円形にくり抜く。
②フライパンを中火で加熱し、バター、①の食パンを入れ、食パン中央の穴の部分に卵を割り入れる。
③片面が焼けたらひっくり返して裏面も焼く。
※好みで、穴を開けた食パンの片面を先に焼き、パンをひっくり返して卵を割り入れて焼いてもよい。

意する工夫である。

「ワン・アイド・サンドウィッチ」には、「エッグ・イン・バスケット」「アラバマ・エッグ」「バード・ネスト」「サンシャイン・トースト」ほか、いくつもの別名があり、家庭や地域で多少の違いはあるものの、アメリカではよく作られる朝食料理だ。しかし、その起源は諸々伝えられており明らかではない。

一説には、一九四一年に公開された、「百万ドルの脚線美」として知られる名女優ベティ・グレイブル主演のミュージカル映画『マイアミの月』で料理シーンが描かれて以来、広く作られるようになったといわれる。

乗員の食の満足を「任務」とする〝ビッグE〟の厨房では、この卵料理をいち早くメニューに取り入れたのだろうか。そして運命の朝、多くの士官が『ワン・アイド・サンドウィッチ』を口にしてから、修羅の空へと飛び立って行ったのである。

### 豆知識

シャード・エッグ（shirred egg）は、一般的にはバターまたは食用油を塗った浅い皿に、卵とクリームを入れてオーブンで焼いた卵料理のこと。1940年頃のアメリカ海軍のレシピでは、基本的に塩、胡椒のみの味付けで、バリエーションのひとつに細かく切ったベーコンを卵の下に敷いて焼いたものも紹介されている。

Table 41

## 帝国海軍士官たちに出された逸品
# 伊勢海老カレー
**Lobster Curry**

一九九九年の横須賀市の街おこしのおかげで、カレーと旧海軍のつながりは広く一般の知るところとなった。だが、旧陸軍も明治六年（一八七三）の時点で幼年生徒隊の土曜日の昼食にカレーを提供し、以降、兵食にも採用している。

民間では、札幌農学校（現・北海道大学）で明治九年（一八七六）には寮の食堂でカレーライスが出されるようになり、明治十年（一八七七）になると、日本初のカレー店「風月堂」が東京・上野に開店した。このように、明治期の日本におけるカレーの普及に貢献したのは海軍だけでなく、「官民一体」ともいえる背景があったようだ。

さて、海軍に目を戻すと、カレーの調理法が公文書に登場するのは、明治二二年（一八八九年）の主計科新兵の教育を定めた『五等厨夫教育規則』らしい。そして、明治四十年（一九〇七）四月の海軍経理学校開設にともない、翌年九月に舞鶴海兵団で発行され、その後の海軍の調理教育のバイブルとなった『海軍割烹術参考書』には「カレイライス」の項がある。さらに、大正七年（一九一八）の『海軍五等主厨業教科書』にも「ライスカレー」の調理法が掲載されている。

以降、海軍の調理教育書からカレーの既述がなくなることはなく、昭和四年

▲海軍の主計科は経理と衣糧に別れているが、衣糧の方で、さらに糧に属した主計兵は烹炊作業（調理）に携わった。戦艦では総員の1日分として、米だけでも6石以上（1石は米の場合約150～160kg）を炊いたという。

▼海軍では艦艇に烹炊所があるため、そこで主計兵が調理に腕を振るっていた。戦艦などでは4斗炊の大釜が数個備えられており、蒸気で煮炊きが行われていた。ちなみに1斗は10升である。

（一九二九）から三年間もの研究を重ねて昭和七年（一九三二）に発行された、『海軍研究調理献立集』というメニューのバラエティーを広げるための副教材にも、何種類かのカレーが紹介されている。そのなかでも特に興味深いのが伊勢海老カレーだ。

とはいえ、伊勢海老はいまと同様に当時も決して安い食材ではなく、漁獲数も限られていた。一方で、温帯性の種なので当時の各鎮守府の近辺では季節によって（特に夏場）多少なりとも獲れており、ゆえに、食費を自腹で払う「上等な士官食」として提供するのが可能だったのだろう。

軍艦の厨房に立つ主計兵は皆、畜肉を使った兵食のカレーの作り方を心得ており、調理方法自体はその応用といえる。だが、畜肉と伊勢海老のカレーの調理法には相違点が二つあった。海老ミソの旨みを活かすために先に頭部だけを入れて煮込むが、最終的にはそれを取り出すこと、伊勢海老の肉は煮過ぎると締まって硬くなり、旨みの源の肉汁も抜けてしまうので、さいの目切りにした肉片のカレーへの投入のタイミングが微妙だったことだ。

だが、士官烹炊所には技能優秀な主計下士が配され、経験豊かな主計兵は、これを難なく調理して、士官たちに提供し好評を博したという。

**豆知識**

海軍のカレーライスは牛肉か鶏肉を使うのが通例だったが、『海軍研究調理献立集』には、兵食用としてアサリのカレーも紹介されている。ほかにカレー粉を使う料理として、兵食での魚のカレー揚げ、アジのカレー焼き、豚とじゃがいも（馬鈴薯）のカレー煮が、また、士官食として、小海老のカレー煮が紹介されている。してみると同書は、今日、わが国でも人気が高いシーフード・カレーの嚆矢を放ったことになるようだ。

r e c i p e

## 伊勢海老カレー

●材料
伊勢海老　適量
タマネギ　適量
ニンジン　適量
ジャガイモ　適量
カレー粉　適量
小麦粉　適量
塩　適量
胡椒　適量
バター（もしくはヘッドやラード）　適量

●作り方
①タマネギ、ニンジン、ジャガイモは細かいさいの目に切っておく。
②鍋にバターを溶かし、伊勢海老をさばいて、頭、殻を炒め、水を加えて煮る。
③鍋にバターを入れて溶かし、小麦粉をダマにならないように炒め、カレー粉を加えて、細かく切ったタマネギ、ニンジン、ジャガイモを加え、②のスープを入れて煮る。
④伊勢海老の身を一口大にカットし、③に入れ、塩、胡椒で味を調える。

Table 42

アメリカ海軍将兵に愛されたスィーツ

# レモン・メレンゲパイ

**Lemon Meringue Pie**

一九四四年夏、戦艦『ミズーリ』艦内を撮った一葉の写真。六月に就役したのちの慣熟・戦闘訓練期間中に、厨房で「レモンパイ」を作る調理兵たちの姿を写したものだ（左ページ）。

北インド原産のレモンは古くから地中海沿岸、ヨーロッパに伝播していたが、アメリカにその種が運ばれたのはコロンブスの航海によると伝えられる。当初、フロリダに持ちこまれ、十九世紀中ごろにはスペインの修道士らによってカリフォルニアでも盛んに栽培されるようになったという。

ヨーロッパでは中世からレモンの香りと酸味をカスタードクリームやプリン、パイなどに使ってきたが、アメリカでも特に南部を中心にレモンパイが作られ、国内のレモン栽培が盛んになるのに伴い、十九世紀以降、最も好まれるデザートのひとつとなった。

独立記念日が誕生日であることが有名で、また、日本では排日移民法と通称される「一九二四年移民法」を成立させたことでも知られる、第三〇代大統領（一九二三～一九二九）、ジョン・カルヴァン・クーリッジ・ジュニアも「レモンカスタードパイ」が好物だったといわれている。

レモンパイにはいくつかのレシピがあるが、基本はクラスト（パイ皮）の中にレモ

豆知識

アメリカ海軍の料理ブック（1944年版）に掲載されている「レモン・メレンゲパイ」のレシピには、焼き上げたクラストに別に調理しておいたフィリング（カスタード）を詰めて一旦冷やし、その上に卵白、砂糖、塩、バニラで作ったにメレンゲを載せてオーブンで焼くとある。

当時、新造だった戦艦『ミズーリ』の厨房で大量のレモンパイが作られている場面。こんがりと焼き上げたクラストにフィリングを詰めている。同様の調理方法でフィリングのフレーバーを変えることにより、オレンジパイ、キーライムパイ、ピスタシオパイ、カスタードパイ、ペカンナッツパイなどを作ることができた。アメリカ海軍では、夕食時には必ずデザートが供されただけでなく、空母のように24時間勤務の艦では、カフェテリアで時間を問わない軽食としてパイ類が供されることも多かった。1944年夏撮影。

r e c i p e

## レモン・メレンゲパイ

●材料（パイ皿、直径9インチ／ 23㎝）

パイ生地　1枚（市販のパイ生地で可）

＜レモンカスタード（フィリング）＞
水（もしくは牛乳）　500ml
レモンジュース　100ml
レモンの皮（すりおろし）　10g
塩　1.6g
コーンスターチ　50g
砂糖　320g
黄身　3個分
バター　30g

＜メレンゲ＞
卵白　3個分
砂糖(グラニュー糖)　75g
塩　少々（ひとつまみくらい）
バニラ　少々

●作り方
①パイ生地は伸ばしてパイ皿に敷き、底面にフォークでピケをする（細かい穴をあける）。
②200℃に予熱したオーブンで20 ～ 30分焼く（市販のパイ生地の場合はその焼き方に従う）。
③フィリングのレモンカスタードを作る。コーンスターチを水（もしくは牛乳）で溶いてなめらかになったら、塩、砂糖、レモンジュース、すりおろしたレモンの皮を加えて、混ぜながら中火で約20分温め、火から下ろす。
④③に溶きほぐした卵黄を数回に分けて混ぜ、5分ほど中火にかけて、火から下ろし、熱いうちにバターを混ぜ、冷ましておく。
⑤メレンゲを作る。ボウルに卵白と塩を入れ、ミキサーで混ぜながら砂糖を加え、ホイップ状になったら、バターを加える。
⑥②の焼いたパイ生地に、④のレモンカスタードを入れ、その上に⑤のメレンゲをのせ、180度のオーブンで約10分、適度な焼き色がつく程度に焼く。
⑦十分に冷やしてから、切り分ける。

ン果汁、すりおろしたレモンの皮、卵黄、砂糖、バター等で作ったレモンカスタードを入れて焼き、さらに、卵白と砂糖を泡立てたメレンゲを載せて焼く。ゆえにレモンパイといえば、「レモン・メレンゲパイ」を指すことも少なくない。アメリカ海軍の料理ブック（一九四四年版）にも、約二〇種類のパイのひとつとしてレシピが掲載されている。

ところで、果物を使うデザートとしてのパイを大別すると、生の果物を使うものと、粉末を含むジュースなどの加工品を使うものがあるが、洋上ではジュースを利用することが多かった。というのも、艦内の限られた生鮮食料品貯蔵庫では野菜が優先されたからだ。

また、果物はできるだけ栄養学的な効用が高い生食で供された。したがって、海軍料理ブックでも、生のレモンがない場合は粉末レモンやレモンジュースを使うとある。同様に、「オレンジ・メレンゲパイ」や「キーライム・パイ」などジュースを利用したパイレシピも掲載されている。

もっとも、艦上ではクラストを焼き、フィリングを調理する手間のかかるパイは、日常的には提供されず、ちょっとしたイベント後の慰労的意味合いで乗組員たちに振る舞われることが多かったようだ。

Table 43

新兵に提供された海軍訓練場最初の食事

# ベイクド・ビーンズ & コーンブレッド

## Baked beans & Cornbread

「……私たち新入水兵に与えられた最初の食事は、とうもろこしのパンと冷たい金属製のトレイに熱い白い豆が大さじ1杯だった。」

海軍衛生兵として第5海兵師団第26海兵連隊第2大隊に配属され、「デタッチメント」作戦（硫黄島上陸作戦）で戦った自身の経験を綴った『今ここに神はいない』（リチャード・オバートン著）からの一節だ。志願して海軍に入った著者が、基礎訓練で送り込まれた米本土ファラガット海軍訓練場でありついた最初の食事の描写である。

この「白い豆」とはシロインゲンマメであり、「大サジ一杯」とはオタマに一杯のこと。当時、アメリカの三軍で食されていたシロインゲンはベイクド・ビーンズとして提供されることが圧倒的に多く、このときもそうであったに違いない。

アメリカ大陸原産のシロインゲンマメは、トウモロコシ、カボチャ類と同じ畑で、三組方式と称される栽培時期がそれぞれ重なった方法で育てることが、古くからアメリカ先住民によって行われてきた。乾燥させて軽量化でき保存も利くので十九世紀にアメリカ海軍の食糧に採用され、〝Navy Bean〟の別名でも呼ばれる。

食べ方の基本は「煮豆」で、伝統的な調理法ではベイクド・ビーンズの名のごとく

▲アメリカ海軍では炊事兵や給仕兵に黒人や有色人種を多く採用。彼らは調理訓練の仕上げとして、海軍基地や訓練場の給食などをOJT目的で担当することが多かった。1941年12月7日にパールハーバーが攻撃された際、戦艦『ウェストバージニア』に炊事兵として乗り組んでいたドリス・ミラーは、それまで一度も対空機銃の操作訓練を受けたことがないにもかかわらず、正規の射手が戦死した銃座について射撃を実施。その勇気を称えられ黒人として初の海軍十字章を授与されている。

▼ファラガット海軍訓練施設で記念の集合写真におさまるアイダホ州衛生クラス218の水兵たち。アメリカ海兵隊の衛生兵は海軍から派遣されるので戦闘服こそ海兵隊員とほぼ同様だが、部隊単位で正装すると衛生兵だけが水兵服を着用することになる。

r e c i p e

## ボストン・ベイクド・ビーンズ

●材料（約10人分）
シロインゲンマメ（乾燥） 約550g
塩豚もしくはベーコン、ハム 約180g
調味料
塩 大さじ1
モラセス（糖蜜。黒蜜でも可） 90ml
マスタード（乾燥） 小さじ1.5
水

●作り方
①シロインゲンマメ（乾燥）を軽く水で洗い、豆がひたひたになるくらいの水に6時間以上浸す。
②鍋にお湯を沸かし、豆を浸けておいた水も入れて、豆がやわらかくなるまで約1時間茹でる。
③塩豚もしくはベーコン、ハムをサイコロ状にカットする
④オーブン対応の厚手の鍋に、②の豆を移す。
⑤④に塩、モラセス、マスタードを入れて混ぜ、③を加える。
⑥約140度に温めたオーブンに、鍋ごと入れ、ゆっくり（2～3時間）焼く。途中、必要に応じて、豆の茹で汁を加える。

オーブンなどで「焼き煮」にしてつくるが、実際には鍋で煮てつくるのが手頃なので一般的だ。かつては乾燥豆を水で戻してから煮込むという手間がかかった。

　だが缶詰技術の発達にともない、シロインゲンマメの水煮の缶詰にトマトピューレの缶詰を加え、そこに食べやすいサイズに切ったベーコンかスパムを入れ、砂糖や糖蜜にスパイス、場合によってはメープルシロップなどで味を調えて提供するというのが、大人数分を短時間で仕上げねばならない軍の厨房のつくり方となった。また、ベイクド・ビーンズそのものの缶詰もレーションに採用されている。

　一方、コーンブレッドはトウモロコシ粉のパンで、食感を重視して小麦粉を混ぜることもある。既述のごとくトウモロコシもまたアメリカ先住民がシロインゲンマメとともに古くから栽培していた作物で、アメリカ軍では一般的な食材であった。

豆知識

第2次大戦中の一時期、イギリス空軍は航空糧食にベイクド・ビーンズを供した。ところが、シロインゲンマメに含まれる多糖を腸内細菌が醗酵させるせいで大量の腸内ガスが発生。それが、与圧室のない機体の搭乗員に気圧の低い高空で腹部の異常な膨満感や放屁の多発を促したため評判が悪く、同軍では以後供されなくなったという。

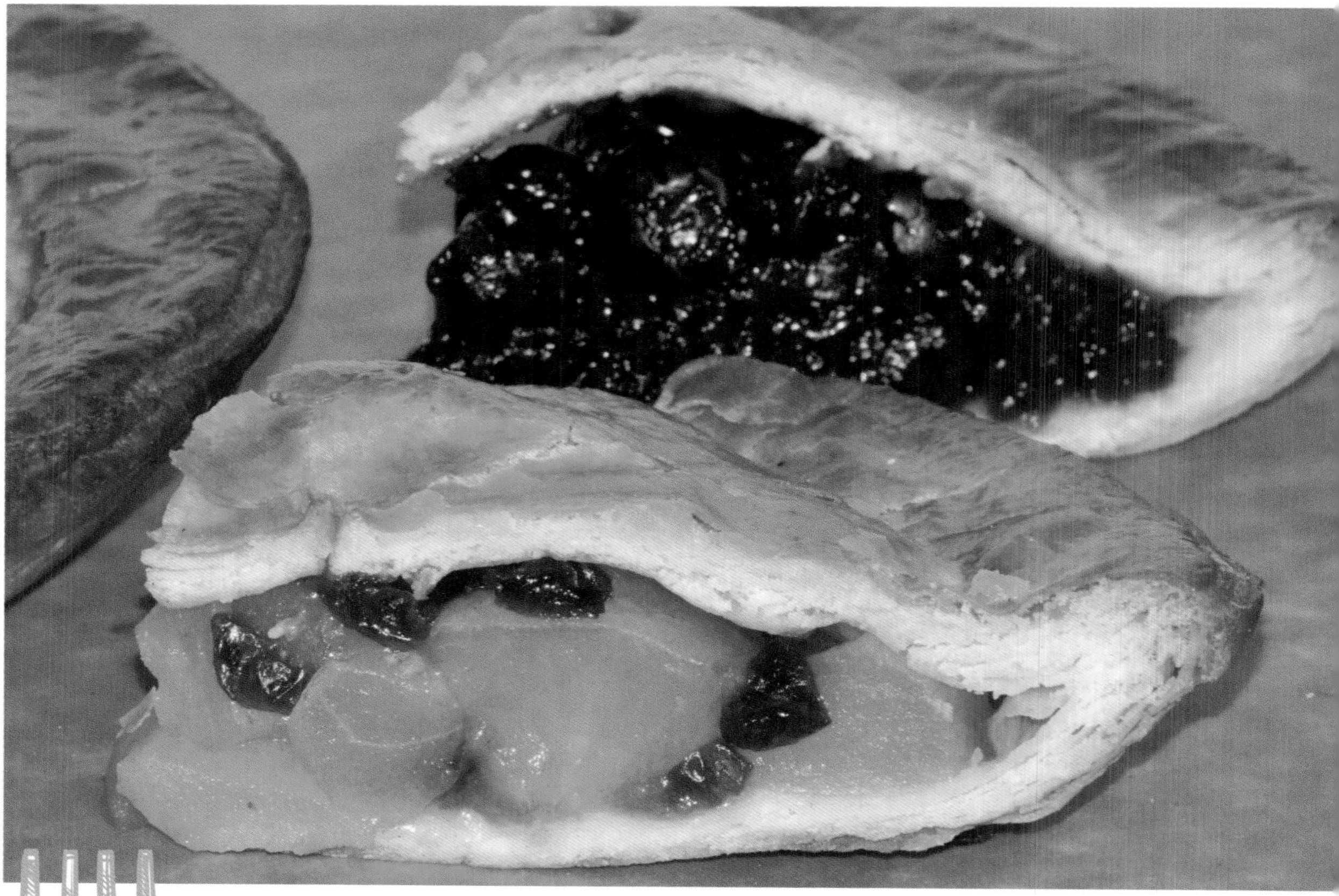

Table 44

## “パイのために戦う”ガダルカナル島の米兵たち

# アメリカンパイ

**American Pie**

「あなた方はいったい何のために戦っているのか」。従軍記者J・ハーシーは海兵隊員に尋ねた。一九四二年十月、ガダルカナル島でリゴード大尉率いる隊と行動中のことだ。彼らは答える。「ブルーベリーパイ一切れのために、俺は戦う」「俺ならミンスパイだな」「俺のは、シナモンがきいた南部風のレーズン入りアップルパイにしてくれ」……。『米軍兵士の太平洋戦争─最前線の戦闘』掲載のジョン・ハーシー著『ジャングルの谷間へ（原題：Into the Valley）』の一節である。ハーシーは続ける。「パイのために戦う。……こういう場所では、パイは彼らの故郷のシンボルなのであった」と。

アメリカらしさを表現する際、「アップルパイのようにアメリカ的だ（As American as apple pie）」といわれる。同国のアップルパイの歴史は、十七世紀、イギリスから入植した清教徒たちに始まる。彼らは、故郷（オールド）イングランドで人気のリンゴを新天地（ニューイングランド）で育てて収穫し、パイを作った。ゆえに同地がアメリカのパイの本場とみなされており、伝統的に甘いパイを朝食とすることも少なくない。

もっとも、今日のようなパイを完成させたのはペンシルヴァニア・ダッチと呼ばれるドイツ系移民だという。甘く煮たリンゴをパイ生地の器に入れ、パイ生地で蓋をし

ガダルカナル島の海兵隊フィールド・キッチン。元は日本軍が設営したものかもしれない。同島の緒戦では、アメリカ軍も弾薬や医薬品の供給を優先し、食糧のそれを後回しにしたため、不足が生じた時期があった。その際は1日2食とされ、職種や任務に応じて食事量を増減して細かく節食しただけでなく、日本軍が残した米や缶詰といった食糧も利用されている。

**豆知識**

アメリカ海軍の料理ブック（1944年版）には各種アップルパイ（一般的なアップルパイのほかダッチ・アップルパイなど）はもとより、ブルーベリーパイ、ミンスパイなど約20種類のパイのレシピが掲載されている。アメリカ軍将兵にとって、パイは欠かすことのできない故郷の料理なのである。

r e c i p e

## アップルパイ

●材料（パイ皿、直径9インチ／23㎝）
パイ生地　2枚（市販のパイ生地で可）
リンゴ　3～4個
砂糖　185g
シナモンパウダー　小さじ1
ナツメグパウダー　少々
塩　ひとつまみ
（無塩）バター　25g

●作り方
①リンゴは芯を取り除き、皮を剥いて、一口大に切り分けておく。
②ボウルに①のリンゴ、砂糖、シナモン、ナツメグ、塩を入れて混ぜ合わせる。
③パイ生地１枚をバターを塗った耐熱容器に敷く。
④③に②のリンゴを敷き詰め、リンゴの上にバターを適量のせる。
⑤もう一枚のパイ生地を④にかぶせ、縁をしっかりと密着させる。
⑥蓋にしたパイ生地に、フォークで空気穴を開ける。
⑦220度に温めたオーブンに⑥を入れて約45分焼く。

て焼く。これに地方特産の果物を詰めて焼くアレンジが加わり、十八世紀の独立革命期に広まって、さまざまな〝アメリカのパイ〟が誕生していった。

ブルーベリーパイもまたアメリカ的なパイのひとつだ。ワイルド・ブルーベリーはメイン州の「州の果物」であり、ブルーベリーパイは「州のデザート」となっている。一方、ミンスパイは十七世紀にイギリスから持ち込まれたパイだ。元々は牛肉も入っていたが、今ではミンスミート（ドライフルーツ各種を刻んだもの）が主で、クリスマスに食べるスイーツとして知られる。

パイのために戦うと答えた海兵隊員たちはそれまでの数週間、食糧が不足気味で、鹵獲した日本の米をも食べていたが、戦闘前に十分な量の朝食を摂った。パイナップル、豆、ビーフのクリームソース、レーズン入りライスのシチュー、クラッカーなどだ。そして戦闘中二日間の野戦食はC、Dレーションをそれぞれ二個ずつで、肉、野菜、シチューなど約八五〇グラムにチョコレートや砂糖、スキムミルクなど約二三〇グラム（六〇〇キロカロリー相当）など。

これらは彼らにとって、「せいぜい、冷たいまま、腹に入れたに過ぎない」食事で、いつも空き腹を抱えていた。そこで言葉に出たのがパイなのだとハーシーは綴っている。

Table 45

## 愛娘のレシピでニミッツ提督が振る舞った

# ビーフ・ストロガノフ

**Beef Stroganoff**

一九四二年七月二十五日、日曜日の午後、アメリカ軍太平洋艦隊司令部のA・ベネディクト大尉、J・G・ローニック大尉、J・バシット大尉の三名が、高級士官用の居住区をめざしてパールハーバーを望むマカラパの丘を上っていった。当時、司令部職員が交代で招かれるニミッツ提督との会食へ向かうためである。その日、ニミッツは誇らしげに言った。「娘が送ってきた調理法どおりにつくった特製のビーフ・ストロガノフを食べさせる」（E・B・ポッター著『提督ニミッツ』より）。

ビーフ・ストロガノフは代表的なロシア料理の一つとして知られ、ロシア語では「ベフ・ストロガノフ」。ベフはフランス語からロシア語に転じた「牛」の意で、ストロガノフは十六世紀から十九世紀のロシアで権勢を誇った名門貴族の名字だ。つまり同家流の牛肉料理ということだが、いつの時代の同伯爵が作らせたのかなど、その起源は諸説論じられてきた。しかし現在はアレクサンドル・グリゴリエヴィチ・ストロガノフ伯爵（一七九五～一八九一）に因むというのが一般的だ。伯爵がオデッサに住んでいたころ、自宅の食卓を市民たちに開放したというが、そのためにコックに考案させた料理が起源といわれる。

この料理に、伯爵に敬意を表したオデッ

サの住人がストロガノフの名をつけて広めていったらしい。

料理書に記されたビーフ・ストロガノフのレシピは、ロシアのエレーナ・モロホヴェツが書いた『若い主婦への贈り物』の一八七一年版が最初といわれる。それは、角切りにした牛肉をブイヨンとマスタードソースで炒め煮し、最後にスメタナ（サワークリーム）を加えるというシンプルなものだった。

のちに、マッシュルームやタマネギも加えられるようになり、地域や国によるバリエーションが生まれる。

ビーフ・ストロガノフがアメリカでよく知られるようになったのは一九三〇年代、第二次世界大戦前のこと。そして四〇年代にはディナーやパーティー料理として注目されるようになる。まだ海軍のレシピにも採り上げられていない時代、ニミッツが用意させた「娘の調理法どおりのビーフ・ストロガノフ」は、果たしてどのような味わいだったか。ともあれ、招待客を満足させたことは記されている。なお、この日の会食にはミッドウェー海戦の殊勲者スプルーアンス提督も加わった。いつも意見交換をするニミッツとスプルーアンスだったが、夜の会食では肩の凝るような話はしないことにしていたという。

▲意外に質素なことで知られたマカラパ所在のニミッツの官舎だが、写真はそのリビング・ルームの様子。左のサイドボードにはカクテルアワー用の各種グラス類が見える。

◀日本軍によるパールハーバー攻撃を受けた直後にアメリカ本土西海岸から飛行艇でハワイに着任したニミッツは1941年12月13日、太平洋艦隊司令長官に就任。翌42年3月には太平洋戦域最高司令官に任命され、同方面の連合軍全体を指揮することになった。

### 豆知識

ビーフ・ストロガノフはやがて国や地域でバリエーションが生まれた。アメリカではタマネギのほかマッシュルームも加えられ、味付けにマスタードやトマトを用い、また酸味のあるサワークリームのみならずスイートクリームを入れることもあった。そして1950年代以降、アメリカでは最もポピュラーな料理のひとつとなる。

r e c i p e

## ビーフ・ストロガノフ（ロシア風）

●材料（4～5人分）
牛ヒレ肉（薄切り） 900g
タマネギ 2～3個（スライスして約5カップ）
マッシュルーム 450g（薄切りにする）
マスタード（粉末） 大さじ1杯強
砂糖 大さじ1杯強
塩 小さじ2.5杯
油 大さじ5～6杯
黒胡椒 小さじ1杯強
スメタナ（サワークリーム） 2～3カップ

●作り方
①マスタード、砂糖小さじ2杯弱、塩を熱湯大さじ1杯強で練り合わせてマスタード・ペーストを作っておく。
②フライパンに規定量の半分の油を入れ、スライスしたタマネギ、マッシュルームを入れて炒め、弱火で20～30分、やわらかくなるまで煮る。
③牛のヒレ肉を幅5～6ミリのせん切りにする。
④フライパンに残りの油を入れ、③のせん切りにした牛ヒレ肉を、薄く焼き色が付く程度に炒める。
⑤②のフライパンに炒めた牛ヒレ肉を加えて混ぜ合わせ、残りの塩、黒胡椒、①のマスタード・ペースト、残りの砂糖を加えて弱火にかける。さらにスメタナ（サワークリーム）を大さじ1杯ぐらいずつ分けて加え、全体に火が通るまで2～3分煮て、味をみて調える。

Table 46

# J・B・ハリスが中国で食した焼きそば
# 炒麺
Chaomian

長年、ラジオ講座「百万人の英語」の講師を務めるなど、日本の英語教育に尽力したことで知られるJ・B・ハリス氏。父はイギリス人、母は日本人で、第二次世界大戦中は日本人・平柳秀夫として陸軍に従軍。第三十五師団歩兵第二二〇連隊第四中隊に配属され、連隊本部が置かれた現・河南省新郷《しんごう》の北方にある湯陰《とういん》を皮切りに、中国で約四年を過ごして終戦を迎えた。自身の軍隊生活の様子は自著『ぼくは日本人だった』に詳しく、そのなかで軍の食事についても述べている。

強行軍に際しては、「まったく軍隊というところは、からだに自信がないと一日たりとも務まらない。それにしても、めしに梅干、たくわんぐらいしかつかない食事で、よくもまあこれだけの重労働に耐えられるものだ」。その一方、「日ごろは一汁一菜の最低のメニューでがまんしているので、正月のご馳走は年に一度の楽しみでもあった」という。

ハリス氏は、命令受領班に編入され、一定期間、新郷に滞在することがあった。そこでは比較的外出時間をとれたと記している。新郷は黄河流域の北側に位置し、漢時代から名を残す古い町だ。城郭と濠に囲まれた城郭都市で、司令部が置かれた城外の新市街地には日本の民間人も住み、軍隊相

1937年8月13日、北平（ぺいぴん。現・北京）市内に入城する日本軍。奥に見えるのは故宮（紫禁城）へと続く城門、正陽門の箭楼。その先に正陽門の城楼がある。焼きそば、酢豚、豚饅頭（肉饅頭）など、中国で戦った日本軍将兵が「戦地の味」を祖国へと持ち込み、それが日本での中華料理の普及に影響を与えた例は少なくない。

手の旅館や食堂、菓子屋があったという。ハリス氏が外出のたびに訪れたのが、中国人経営の焼きそば屋と日本の菓子を売るおしるこ屋だった。

「熱い湯気の立っているできたての焼きそばに、中国語でツという酢をたっぷりかける。その匂いといい味といい、新郷で食べた焼きそばのおいしさは、いまもぼくの舌のどこかに残っている」

中国では古くは「北麺南飯」といわれ、河南省、山東省、河北省など北方で小麦粉の生産が多く、特徴ある麺料理も生まれた。中国で「麺」といえば小麦粉を指すが、日本でいう麺にあたる麺には、その製法にしても、山西省発祥の刀削麺《とうしょうめん》をはじめ、手でぎしめん状に伸ばしたものや、押し出し機で丸い棒状に伸ばしたもの、広げた生地を包丁で切って線状にしたもの、棒状にまとめた小麦粉を細くのばして線状にしたものなどがある。多くはスープとともに食すが、炒めたものが炒麺、すなわち焼きそばだ。

ハリス氏が新郷で食した焼きそばの詳細は記されていない。だが、上等兵が気軽に行けた店の焼きそばは庶民的で質素な料理であったことは想像に難くない。西洋教育を受けながらも、日本の軍隊生活を過ごしていた氏にとって、町の店での時間はしばしの憩いだったに違いない。

### 豆知識

麺を含む中国料理は江戸期の長崎や、明治期の横浜、神戸等にできた中国人街を通じて日本に伝播したが、日本の「焼きそば」用の中華麺は、明治の中頃、福建省から沖縄に伝わった固ゆで麺に由来するともいわれている。そして「焼きそば」は、第2次世界大戦後、米不足とアメリカによる小麦粉援助といった事情も背景に、日本全国に普及していった。

r e c i p e

## 炒麺

●材料

中華用太麺　1人分
豚バラ肉（薄切り）　50g
ニラ　適量
長ネギ　少々
中国醤油（なければ日本の醤油でも可）　小さじ2
オイスターソース　小さじ1/4
紹興酒　大さじ1

●作り方

①麺をほぐしておく。
②長ネギは薄い斜め切りに、豚バラ肉は2cm 、ニラは5cmほどに切る。
③調味料（中国醤油、オイスターソース、紹興酒）はあらかじめ混ぜておく
④フライパンにに油をひいて中火で豚バラ肉を炒める。
⑤豚バラ肉の色が変わったら麺を加えて炒める。
⑥麺に軽く焼き色がついたらニラと長ネギを加える。
⑦火が通ったら、③の調味料を回しいれて全体をまぜる。

Table 47

## アメリカ軍将兵の士気にもかかわるデザート

# アイスクリーム

**Ice Crean**

「われわれの食事は、尉官用士官集会室でカフェテリア形式だった。焼きたてのステーキや骨付き肉、ドレッシングで和えたサラダ、それに毎晩、アイスクリームが出るだけでなく、ベエイクド・アラスカというデザートまで出た」（カール・ソルバーグ著『決断と異議　レイテ沖のアメリカ艦隊勝利の真相』より）。著者は一九四四年、ハルゼー提督が座乗する第3艦隊の旗艦『ニュージャージー』に、海軍空中戦闘情報（ACI）部員として乗り込んでいた。

当時のアメリカ海軍料理ブックでは、アイスクリームはアメリカ人が好むデザートの一つで、栄養価も高いので海軍のメニューの定番にすべきと記されている。そのレシピはアイスクリーム・ミックスに水を加えて作るのが基本だ。

もっともアイスクリーム製造機が設置されたのは設備上の制約もあり、基本的に空母や戦艦などの大型艦に限られた。さらに大型艦には将兵がアイスクリームなどを食べられるゲタンク・バー（アイスクリーム・パーラー）が設けられていた。そこでは、アイスクリームをもらうために階級に関係なく並ぶことが不文律で、『ニュージャージー』にはこんなエピソードが伝えられている。あるとき新任少尉二人がアイスクリームを待つ列に割り込んだところ、「列に

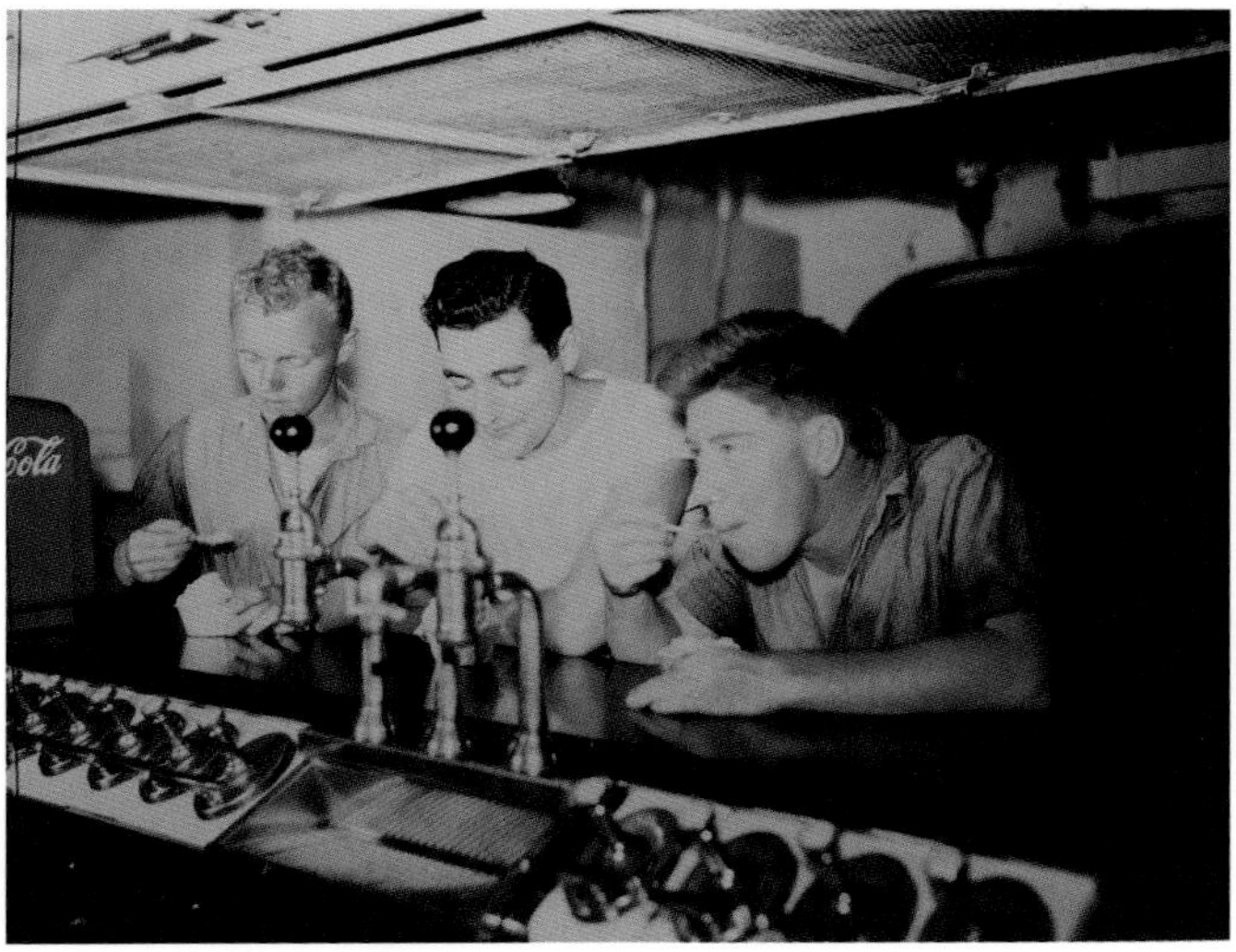

軽巡洋艦『マイアミ』のゲダンク・バーでアイスクリームを楽しむ乗組員。ここではソーダやそのほかのスイーツ類も提供されていた。アイスクリーム製造機を持たない駆逐艦が不時着水した艦上機搭乗員を救助して所属する空母に送り届けると、返礼として、その搭乗員の体重分のアイスクリームが空母から当該の駆逐艦に贈られるという習慣まであった。また、沖縄戦時にとある空母が搭載していたアイスクリーム製造機3台のうち2台までが故障した際、士官たちは、もし最後の1台が故障したら、水兵たちが叛乱を起こすかもしれないと冗談半分に心配したという。

**豆知識**

アメリカ海軍料理ブックでのレシピはアイスクリーム・ミックスに水を加えて作るのが基本で、フレーバーはバニラのほか多種多様。アプリコット、バナナ・ナッツ、チェリー、チェリーナッツ、チョコレート、コーヒー、デーツ、グレープ、ピーチ、パイナップル、パイナップル・グレープ、ピスタチオ、ストロベリー、メープル、ウォルナッツ・メープルなどが紹介されている。味付けには果物（生もしくは冷凍品）やジュースなどが使われた。

r e c i p e

## バニラ・アイスクリーム

●材料（4人分）
牛乳　300ml
生クリーム　100ml
卵黄　3個分
砂糖　70～80g
バニラビーンズ　適量
もしくはバニラエッセンス　2～3滴

●作り方
※アイスクリーム製造機を使用しない作り方
①ボウルに卵黄、砂糖を入れて泡立て器で、白っぽくなるまで混ぜ合わせる。
②鍋に牛乳、生クリームを入れ、ごく弱火で温め、バニラビーンズを加える。
③①のボウルに、②を少しずつ加えて混ぜる。
④氷水を入れた別のボウルに③を入れて粗熱を取る。バニラエッセンスを使う場合は、ここで加える。
⑤④を別容器に移して、蓋をして冷凍庫で冷やす。
⑥約3時間で固まってくるので、冷凍庫から、ゴムベラなどで全体を混ぜて空気を入れる。
⑦その後30分～1時間置きにかき混ぜて空気を含ませて、全体を凍らせて出来上がり。

並べ」という怒号が響いた。その声の主はなんと、自分の番を待って並んでいたハルゼー提督だったという。

　アメリカで「アイスクリーム」という語が初めて使われたのは一七〇〇年頃といわれるが、一八四六年に手回しのアイスクリーム撹拌機が発明され、一八五一年にボルチモア市の牛乳商がアイスクリームの生産を開始。これが世界初のアイスクリーム製造工場となり、アイスクリームの産業化のきっかけとなる。

　アメリカ海軍艦船に製氷および冷蔵装置が導入されたのは一八九三年。一九〇六年には戦艦『ミズーリ』にアイスクリーム製造機が導入されている。一九一四年、アメリカ海軍艦船では将兵の楽しみである飲酒が禁止された。そのかわりとして人気を呼んだのがアイスクリームであった。第二次世界大戦中、乳製品欠乏が原因で各国がアイスクリーム製造を中止していくなか、アメリカは将兵たちの士気を維持するためにアイスクリーム供給を軍の重要事項のひとつとして取り扱った。

　一九四四～四五年には、陸軍のアイスクリームを製造できる大型冷蔵艀を大西洋や太平洋に曳航し、アイスクリーム製造機をもたない駆逐艦などの乗組員のためにアイスクリームを供給した。

Table 48

## アメリカ海兵隊出撃前の食事

# ビーフステーキ

**Beef Steak**

一九四五年四月一日、イースターの日曜に開始されたアメリカ軍による沖縄侵攻作戦。最初の数日間、日本軍の抵抗は軽微なものだったというが、その後、苦戦を強いられた。それでも四月末には沖縄の大部分を確保し、激戦で疲弊した第6海兵師団は名護で休養をとっていた。しかし、「彼らにとって最初の不吉な予兆は、夕食にステーキが出たことだった。これは出撃前に提供される典型的な献立であり、朝食に新鮮な卵が出た時点で、兵士たちは戦場にふたたび投入されることを確信した」という（ジェームス・エ・ハラス著『沖縄シュガーローフの戦い』より）。

第二次世界大戦に従軍したアメリカ軍将兵の手記には、出撃前にステーキが出されたという話が散見されるが、それはステーキを出すのが決まりになっていたからではない。「出撃前の将兵にはその時に用意できる最高の食事を」という不文律のもと提供されたものだ。

アメリカ国内では、一八八〇年代中頃には多くの人がステーキやローストビーフを食べるようになった。また、一九二〇年代に始まる冷凍食品市場は、軍の需要増大が大きな要因となり、第二次大戦中に急速に拡大した。そういった事情を背景に、沖縄侵攻作戦時にもアメリカ軍はある程度十分な食糧供給ができた。とはいえ、毎日のように牛肉が出されるわけではなく、豊かな食の象徴でもあるステーキが、出撃前のメイン料理として用意されたのだろう。

海軍の料理ブックにはビーフステーキの調理法として、シンプルに鉄板やフライパンで焼いたステーキ（Griddle-Broiled Steak）や、ステーキの蒸し焼き（Braised Beef Steak）、トマトやタマネギとともにオーブンで焼くスイスステーキ（Swiss Beef Steak）などのレシピが載っている。軍の料理ブックにその作り方が記されているということは即ち、それが比較的ポピュラーな料理であったことの証しだ。

沖縄侵攻作戦時、名護で出されたステーキがどういったものかは定かでないが、おそらくは鉄板で焼いたステーキだろう。レシピでは、ひとり六オンス（約一六八グラム）、厚さは二分の一から四分の三インチ（約一・二五〜一・九センチ）。牛脂で焼くのが基本で、両面を焼いてから塩・胡椒で味を調えると記されている。

そんなステーキを食べた翌日の五月二日、「ストライキング・シックス（突進・第6師団）」の異名をもつ第6海兵師団は南へと向かい、やがて激戦地として知られるシュガーローフ（安里五二高地）へと突き進むのであった。

沖縄独特の亀甲墓に潜む日本兵を排除すべく活動中の第6海兵師団捜索破壊チーム。この墓所全体に分散配置された他のチームと行動を連携するのに、通信機は不可欠だった。上陸前の輸送船上での最後の食事にビーフステーキが出されるようになったのは戦争の中盤頃からで、それ以前は、当該の輸送船が提供できる最上の食事が供されていた。もっとも、これはアメリカ軍での習慣であり、イギリス軍では終戦まで「当該の輸送船が提供できる最上の食事」であった。

**豆知識**

アメリカ海軍の料理ブックには、ステーキには粉を振って揚げた「フレンチフライオニオン」や炒め煮にした「スマザードオニオン」、バターにタマネギのみじん切り、レモン汁、塩、胡椒を混ぜ合わせた「ステーキバターソース」などを添えるとよいと記される。そのほか、ジャガイモや豆などがメニューにあわせて用意される。

r e c i p e

## ステーキ

●材料
牛肉（骨付きもしくは骨なし）
牛脂　適量
塩　少々
胡椒　少々

●作り方
①牛肉は1人分を150 〜 200g、1.5㎝前後の厚さにカットする。
②フライパンを熱くし、①の牛肉を入れ、焼き色がついたらひっくり返して全体を適度に焼き上げる。
※牛肉に脂が多い場合はそのまま、少ない場合は別に牛脂を使う。
※両面に焼き色をつけてから、約150度のオーブンに入れて焼き上げてもよい。
③焼きあがったら、塩、胡椒を振る。

Table 49

八甲田山雪中行軍
弘前歩兵第三十一連隊が食した

# 兎の味噌汁

**Rabbit miso soup**

二〇二二年一月、八甲田山雪中行軍遭難事件から一二〇周年を迎える。同八甲田山雪中行軍では、青森歩兵第五連隊の行軍隊二一〇名が遭難。内一九九名が死亡した。一方、弘前歩兵第三十一連隊の三八名（内一名は同行記者）は無事踏破して帰還を果たした（一名は怪我のため中途で帰還）。その理由は、部隊を率いた福島泰蔵《たいぞう》大尉の采配により、準備が行程沿いの地元住人たちの協力の下に行われたことが大きな要因とされる。たとえば、土地に詳しい案内人を経由地で随時雇い、食料や藁沓《わらぐつ》などの装備品を現地集落で補給し、宿泊は村落宿営を基本とした。

八甲田山雪中行軍に関する書籍は多数出版されているが、ジャーナリストで八甲田山雪中行軍を研究した小笠原孤酒《こしゅ》の『八甲田連峰　吹雪の惨劇』（第一部・第二部／昭和四十三年刊）がつとに知られる。

一月二十日、初日は小国《おぐに》集落で宿営。集落内の家に分宿した隊員たちは、「煙る囲炉裏を囲みながら、村人達の心尽くしの山菜漬を肴に、燗酒をすゝって、しばしの開放感を大いに満喫した」という。ちなみに初日の宿営では、特に飲酒量の制限は行われず、「しかし、羽目をはずすようなことは絶対してはならん」とのことだった。

そして三日めの二十二日、吹雪が激しさ

弘前歩兵第三十一連隊の行軍隊。1902年（明治35）1月22日、標高1034mの白地山への途中、渓谷で撮影されたワンカット。同連隊は1896年（明治29）5月に編成を完結し、弘前に連隊本部を構えた。1904年（明治37）、日露戦争に出征。なお、行軍隊を率いた福島泰蔵は歩兵第三十二連隊に転任しており、日露戦争で戦死している。1918年（大正7）、シベリアへ出動。そして1939年（昭和14）にはノモンハン事件に出動している。1944年（昭和19）、アメリカ軍の攻勢を受けつつあるフィリピンに移動するが、輸送中に大きな被害を蒙ったうえ、ルソン島の戦いで苦戦した。
「歩兵第三十一連隊雪中行軍隊写真第4号図」（青森県立図書館デジタルアーカイブ蔵）より。

豆知識

弘前隊の福島隊長らが食した兎は、おそらく日本固有のニホンノウサギである。一方、明治初期に外来種と日本在来種との交配によるカイウサギ（日本白色種）が愛玩用として飼育されるが、その後、日清戦争や日露戦争中は軍需品（毛皮や食糧）として利用された。

r e c i p e

## 兎の味噌汁

●材料
ウサギ　適量
※ダシが出るので骨付きがおすすめ。
ネギ　適量
味噌　適量

●作り方
①骨付きのウサギを食べやすい一口大にカットする。
②鍋に湯を沸かし、①のウサギ肉を入れる。
③アクが出るので、ていねいに取り除き、肉が火が通るまで煮る。
④味噌を溶いて、沸騰させずに数分煮る。
⑤仕上げに斜め切りにした長ネギを入れて椀に盛る。
※途中でゴボウやニンジンを入れてもよい。
※鶏汁を作るような感じで調理するとよい。

を増す中、一行は切明温泉から十和田湖畔の銀山を目指した。この日の案内人はマタギの名人たちで、途中、マタギの北山藤吉氏が兎を仕留めた。これに対し、福島隊長は五十銭銀貨を与えたという。

　マタギの本領は熊とされるが、兎もまた狩猟対象となる。淡白でクセがなく、鶏肉にも似た味の兎は、マタギのみならず、山村民に喜ばれた。山の兎は春から秋の毛が茶色のときより、冬の白い毛になってからのほうが美味という。晩秋以降は栗の実などを食べ、寒中は木の新芽や皮だけを食べることから肉の味がよく、また、十分成長した兎は背中に脂が程よくのるのだという。

　そんな兎を携え、猛吹雪のなか白地山を越えた一行は、午後三時三十五分、銀山集落に到着。本部にあてられた工藤祐紀氏宅では福島隊長、田原中尉、高畑少尉、新藤伍長と家主の五人分の膳が据えられ、早々に飲み始めた。

　このとき、家主の夫人は兎の味噌汁作りに余念がなかったという。

　この日の夕餉で出た兎の味噌汁は、福島隊長らの体をどれほど暖めただろうか。翌二十三日以降、吹雪は強まり、天候不順が続くなか、弘前隊は一一泊一二日の行程を無事終えている。

Gourmet of the military around the world

# 再現! 世界の軍隊グルメ

## ――――戦士の食卓

■スタッフ STAFF

文・調理・撮影 Text Cooking Photography
水梨由佳 Yuka MIZUNASHI

歴史監修 Supervision
白石 光 Hikaru "Alexander" SHIRAISHI

編集 Editor
後藤恒弘 Tsunehiro GOTO
吉野泰貴 Yasutaka YOSHINO

協力 Special Thanks
沼田和人 Kazuhito NUMATA

アートデレクション Art Director
横川 隆 Takashi YOKOKAWA

歴史写真クレジット

Australian war memorial
Bundes archive
Esercito Italiano
Imperial War Museum
National Archives
Naval History and Heritage Command
Royal Navy Submarine Museum Gosport
U.S.Army
U.S.M.C.
San Diego Air and Space Museum

**再現！ 世界の軍隊グルメ**
**戦士の食卓**

発行日 2022年11月30日 初版第1刷

発行人 小川光二
発行所 株式会社 大日本絵画
〒101-0054 東京都千代田区神田錦町1丁目7番地
Tel 03-3294-7861（代表）
URL; http://www.kaiga.co.jp

編集人 市村弘
企画／編集 株式会社アートボックス
〒101-0054 東京都千代田区神田錦町1丁目7番地
錦町一丁目ビル4階
Tel 03-6820-7000（代表）
URL; http://www.modelkasten.com/
印刷／製本 三松堂株式会社

内容に関するお問い合わせ先：03（6820）7000 （株）アートボックス
販売に関するお問い合わせ先：03（3294）7861 （株）大日本絵画

Publisher/Dainippon Kaiga Co., Ltd.
Kanda Nishiki-cho 1-7, Chiyoda-ku, Tokyo 101-0054 Japan
Phone 03-3294-7861
Dainippon Kaiga URL; http://www.kaiga.co.jp
Editor/Artbox Co., Ltd.
Nishiki-cho 1-chome bldg., 4th Floor, Kanda
Nishiki-cho 1-7, Chiyoda-ku, Tokyo 101-0054 Japan
Phone 03-6820-7000
Artbox URL; http://www.modelkasten.com/


定価はカバーに表示してあります。
ISBN978-4-499-23364-4